I AM
BEAMS

'UNLIKELY' IS
NOT A NEGATIVE WORD.
THIS WORD IS
PRECIOUS TO ME.

What's UNLIKELY?

アンライクリーとは、世界をポジティブに変える言葉。

1997年に「Apple Computer」が広告キャンペーンで大々的に打ち出したスローガン "Think different"。YouTubeで「Apple Crazy Ones」と検索すると、スティーブ・ジョブズがナレーションしている60秒バージョンが出てくるので、手元にスマホやパソコンがあったら見てください。アルベルト・アインシュタインや、ボブ・ディラン、バックミンスター・フラー、トーマス・エジソン、パブロ・ピカソら、固定観念を覆した歴史的人物をモノクロフィルムで見せながら、ジョブズが静かに語る。その冒頭の言葉をここに引用させていただきます。

"クレージーな人たちがいる。反逆者、厄介者と呼ばれる人たち。四角い穴に丸い杭を打ち込むように物事をまるで違う目で見る人たち。彼らは規則を嫌う。彼らは現状を肯定しない。彼らの言葉に心をうたれる人がいる。反対する人も、賞賛する人も、けなす人もいる。しかし、彼らを無視することは、誰にも出来ない。なぜなら、彼らは物事を変えたからだ。"

アンライクリーとは意訳すると「ありそうもない」「普通じゃない」。ネガティブに聞こえるワードですが、僕にとっては「めちゃくちゃ個性的だね」という最上級の褒め言葉。それは、見た目だけでなく、視点に対しても言えることで、意味合い的には "Think different" とよく似ています。

個人的な話をすると、僕は次男坊で、基本的に兄のお下がり。身長も低く、いつも列の一番前。見た目もまんじゅう顔。そういったデメリットをポジティブ変換するのが、アンライクリーというアマノジャクなモノの見方でした。人と同じは嫌だ、2番手は嫌だという思いから、小学校の頃は、誰も着ない派手なロイヤルブルーやオレンジ色の服を着たり、ビックリマンチョコは誰も注目していない「お守り」を集めたり。他の人が全員右を向いていたら、自分はゴーイングレフト。クレイジーと言われても、厄介と思われても、アンライクリーでいることが認めてもらう手段であり、個性を最大限主張する方法でした。

そんなことを考えながら生きていたら、創業からずっとアンライクリーな姿勢を貫いているセレクトショップに出会いました。それが他でもない「BEAMS」です。企業理念に "BIG MINOR SPIRIT" を掲げ、「次の時代に主流となるべき小さな光に注目する」とは、なんてアンライクリーなんだ! という流れで、大学卒業後アルバイトを経て入社し今年で23年。人生の棚卸しをしたら手放せないのはアンライクリーなものばかり。どれも愛着があって、ひと言では表せないストーリーがたくさん詰まっています。この本で紹介するのは特に大事にしている175点。読めば、アンライクリーとは何なのかがわかる、かもしれません。

CONTENTS

Intro.	What's UNLIKELY?	アンライクリーとは、世界をポジティブに変える言葉。	P.004
No.001	GLASS PRODUCTS	らしからぬ大量生産品。	P.010
No.002	LEG SPLINT & LOUNGE CHAIR	濱田庄司とイームズについて。	P.014
No.003	MAISON ACCESSORIES	メゾンのレジ前商材。	P.016
No.004	MECHANICAL WATCH	オフィシャルじゃない軍用時計。	P.018
No.005	CHOCOLATE MUG	分厚いのに、ちっちゃいジェダイ。	P.019
No.006	AFTER SHAVE LOTION BOTTLE	日用品に隠れたアート性。	P.020
No.007	BASKETBALL SHOES	バッシュ黄金期のサブキャラ。	P.022
No.008	THICKENED WORCESTERSHIRE SAUCE	じゃない方の銘品。	P.024
No.009	PERSONAL EFFECTS BAG	機能を果たさなかった遺品袋。	P.025
No.010	STOOL & LIGHT	着眼点の天才。	P.026
No.011	WORLDTIMER	ワールドタイマー。	P.028
No.012	IRON NAIL CUP	プロツールズのアンライクリー使い。	P.029
No.013	BLUETOOTH HEADPHONES	気分が上がる80's近未来リモートギア。	P.030
No.014	HIP POUCH	ファニーなバッカブル。	P.032
No.015	HUNTING JACKET	伊達なフィルソン。	P.034
No.016	NECKLACE & PENDANT TOP	内に秘めるパンク。	P.035
No.017	CARABINER	カラビナの3トップ。	P.036
No.018	CLIP	構造部分に隠れたアンライクリー。	P.037
No.019	TOM SACHS	想像と創造の頂点。	P.038
No.020	JURSEYS SETUP	アートを身に纏う。	P.046
No.021	SMALL TOOLS	造形美重視で、用途は二の次。	P.047
No.022	BOXER BRIEFS	夢を与え続けてくれるクラシックフィット。	P.048
No.023	SWING TOP	中田的パーマネントコレクション。	P.050
No.024	SUNGLASSES	90'sのトラッド。	P.051
No.025	DEAR MY TEACHER TUBE｜Hisao SAITO	人生の先生と、紺ブレの話。 チューブ｜斎藤久夫さん	P.052
No.026	DENIM JACKET, DENIM PANTS & WATCH MUG	ぽってりしたU.S. NAVY。	P.054
No.027	LEATHER CARD CASE	ビッグサイズの名刺入れ。	P.056
No.028	WORK BOOTS	まるでドレスシューズ。	P.058
No.029	HEAVY-DUTY OUTER	愛しきトゥーマッチ。	P.060
No.030	EYEWEAR	トランスフォーム・アイウェア。	P.064

No.031　DEAR MY TEACHER　　　　　　　　　人生の先生と、紺ブレの話。　P.066
　　　　　Engineered Garments | Daiki SUZUKI　　エンジニアド ガーメンツ｜鈴木大器さん

No.032　SKATEBOARD STYLE　　　　　　　　　　　練習も本気の姿勢。　P.068

No.033　CUPNOODLE CUP　　　　　　　　　アンライクリー・センス日本代表。　P.069

No.034　HUNTING SHOE & BOAT AND TOTE BAGS　　　　　　誇れる仕事。　P.070

No.035　INDIAN JEWERLY　　　　　　　　　　ウィーアーザワールド。　P.074

No.036　TWEED JACKET　　　　　　　　　　　　　そっちじゃない。　P.076

No.037　AUTHENTIC RUNNING SHOES　　　僕が配色フェチになった理由。　P.078
　　　　　& ANORAK JACKET

No.038　CERAMIC ART　　　　　　　　　　　機械的なハンドクラフト。　P.082

No.039　BLAZER　　　　　　　　　　ユニフォームとしてのブレザー。　P.083

No.040　SNEAKERS　　　　　　　　　　　サーフ&スケートの寺子屋。　P.084

No.041　THE SURF IVY　　　　　　　　　　　　対極の組み合わせ。　P.086

No.042　STATIONERY　　　　　　　　　　　　　宇宙規模の世界観。　P.090

No.043　FISHING AND GUN SHOOTING OUTER　　　左右非対称の美しさ。　P.094

No.044　DAIWA PIER39 COLLECTION　　　ファッションにフィッシングを。　P.102

No.045　LOCAL MONEY　　　　　　　　　　　　　　もはやアート。　P.106

No.046　SCARF　　　　　　　　　　　　どっちつかずという個性。　P.107

No.047　MULTI TOOLS　　　　　　　　　レジェンドが遺してくれたもの。　P.108

No.048　STOPWATCH　　　　　　　　　　　郷に入っては郷に従え。　P.110

No.049　DENIM PANTS & JACKET　　　　　　アンライクリーーーーバイス！　P.112

No.050　NAVY BLAZER　　　　　　アンライクリーは１日にしてならず。　P.118

No.051　DEAR MY TEACHER　　　　　　　人生の先生と、紺ブレの話。　P.120
　　　　　Needles | Keizo SHIMIZU　　　　　　　ニードルズ｜清水慶三さん

No.052　CAP WITH STRAP　　　　　　　　　　　モア・アンド・モア。　P.122

No.053　LEATHER SHOES & SANDALS　　　　素足ではかないビルケン。　P.124

No.054　SWEAT PARKA & SWEAT SHIRT　　クセ強めなグレースウェット。　P.126

No.055　SET UP　　　　　　　　　　　　　紳士服のディッキーズ。　P.130

No.056　DEAR MY TEACHER　　　　　　　人生の先生と、紺ブレの話。　P.132
　　　　　Sett | Setsumasa KOBAYASHI　　　　　セット｜小林節正さん

No.057　TWEED COAT　　　　　　　　　　アンライクリー、NYへ渡る。　P.134

No.058　LEATHER SHOES　　　　　　　　　フレンチなオールデン。　P.136

No.059　SUEDE BOOTS　　　　　　　　　　絶対に捨てられない靴。　P.138

Outro.　UNLIKELY HISTORY　　　　　　生まれた瞬間からアンライクリー。　P.142

UNLIKELY THINGS

AUTHOR | SHINSUKE NAKADA | BEAMS CREATIVE DIRECTOR

No.001
GLASS PRODUCTS
らしからぬ大量生産品。

GLASS SYRUP BOTTLE

「Mr.Clean」の栗原道彦さんが米国で買い付けたデッドストックにひと目惚れして、色とネーミングが違う10本セットを箱買いしました。聞いた話だと、このシロップボトルのシリーズが発売する前に〈SPACE FOODS CO.〉という会社は倒産したため、シロップが入っていない未使用の状態で長い間倉庫に眠っていたとか。そもそも商品が世に出回っていないからデッドストック以外見つからないそう。

GLASS DECANTER
& BABY BOTTLE

左は1960年代製と思われる〈パイレックス〉のデキャンタ。サンフランシスコのアンティークモールで購入しました。右の3つは哺乳瓶でおそらく'30〜'40年代製。古い〈ケメックス〉のコーヒーメーカーも好きで、〈パイレックス〉のハンドブロー時代を狙って集めています。デキャンタのネック部分の凹凸は、革紐がズリ落ちないための形状。ウッド、コルク、レザー、ガラスという4素材をここまで美しいバランスで融合させているのに感動します。

手作業の美しさが好きな人ってたくさんいると思いますが、どちらかというと僕はアメリカ黄金期の大量生産が好きで、どれだけ効率を上げるかという合理主義に惹かれます。ガラス製品は特に象徴的ですよね。金型に流し込んで成形する一貫体制なら個体差が出にくいし、たくさんつくれる。ただ、僕がその中でもピンポイントで集めてしまうのは大量生産"らしからぬ"もの。贅沢な時代だったからでしょうか。10色ある"ギャラクシーボトル"（P010）は、グラフィックのシールを貼るのではな

く、一体一体にちゃんとプリントしているし、手触りも均一ではなくザラザラしていて、どことなく手仕事のような温かみを感じさせます。"ピギーバンク"と"ピエロ"（P013）は細かい手の描写にまでこだわっていて、〈パイレックス〉のデキャンタ（上写真）は美しい造形と機能美を両立させているところが素晴らしい。ハンドクラフトだからとか、大量生産だからとか、僕にとって方法はそれほど大事じゃありません。作り手がおもいっきり楽しんでいる姿勢と、遊び心のあるアイデアにシビレるんです。

"NEW ENGLAND PAT PEND PIG GY BANK"と底面に型押しされたアメリカ製のシロップボトル。使い終わったら貯金箱になるという仕組み。今の子どもたちには理解できないかもしれません。でも、我らおじさん世代にはきっと刺さりまくりです。そして、この何とも言えないアンライクリーな表情。手を組んでいる後ろ姿もかわいい。

GLASS
PIGGY BANK

CLOWN
GLASS BOTTLE

〈GRAPETTE PRODUCTS CO.〉のピエロのボトル。アメリカのフリマで発見。"CAMDEN, ARK"と書かれているので、米アーカンソー州の都市カムデンの会社っぽいです。顔の表情や、腰の部分の手、どれも最高です。ちなみにLA買い付けでは、商談前の朝にサンタモニカのエアポートフリーマーケットへよく行っていました。

"レッグスプリント"は負傷した足を固定するために開発された医療器具ですが、アートとしての造形美をいつも感じていたいため、リビングの常に見える壁に立てかけています。

D APRIL 11-MAY 2,1970 LEO CASTELLI 4 EAST 77 NEW YO

No.002
LEG SPLINT &
LOUNGE CHAIR

濱田庄司とイームズについて。

僕がインテリアに興味を持つきっかけになった
のが"レッグスプリント"。最初にイームズ夫妻が
つくったのが家具ではなく、第二次世界大戦中
に負傷した足を固定するための添え木で、
1943年に米海軍から依頼があって量産された
というストーリーが何より興味深い。そして、成形
合板という安価な材料を曲木というアイデアで
カバーする考え方と、ナチュラルな天然素材な
のにアトミックデザインを感じるギャップにヤラレ
ました。ミッドセンチュリーブームに沸いていた大
学時代からイームズを掘り始め、"シェルチェア"
も買いつつ、いつか人生の節目で絶対に手に
入れると決めていたのがこの椅子です。せっかく
なら自分のルーツと関係があるものが欲しい!と
探し続け、辿り着いたのが地元、栃木県宇都宮
の隣にある益子町。人間国宝の濱田庄司が益
子の自宅でイームズの"ラウンジチェア"に腰掛
けるモノクロ写真に繋がりを感じ、コレしかないと
思って40歳の自分の誕生日に買いました。ミッ
ドセンチュリー期に、実際イームズ夫妻と交流が
あった当時のシティボーイ代表、濱田庄司。民
芸運動と大量生産、という正反対の表現を認
め合っていた彼らの化学反応が、まさか地元界
隈で生まれていたなんて!と想像するだけでもワ
クワクします。そんなこんなで、自分が大好きなも
のが詰まっているので、この椅子に座ってぼー
っと考え事をする時間はすごく特別なんです。

No.003
MAISON ACCESSORIES

メゾンのレジ前商材。

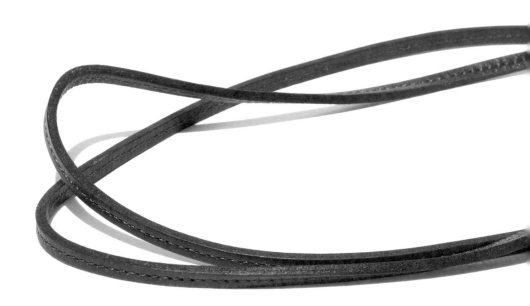

LEATHER CORD

ブラックのように見えますが光に当てると
実はチャコールグレーなんです。この繊細
な色使いも感動ポイント。あるリサイクル
ショップのレジ前で奇跡的に見つけました。

「ターゲット」や「ウォルマート」、「REI」の魅力といえばレジ前に並んでいる商品。カラビナやマルチツールなど、どれも欲しくなるものばかり。ぐるぐると回転する棚にはトレイルランニング中に食べるエナジーバーなどがあり、パッケージが可愛いものが多く、山道を走らないのについつい買ってしまいます。そんなレジ前商材と同じニオイを感じてしまうグッズを意外にも〈エルメス〉で発見。"ラニエール"という名前で、チャームをつけてネックレスにしたり、鍵をつけたりと、多用途に使えて便利ですが、よく見てください。この品格あるカーフの質感と綺麗なステッチを。さすがグランメゾン！と拍手したくなる美しさ。単なる革紐といえども、一切の妥協を許さないアルチザンな姿勢に脱帽します。

RING & BRACELET

実は、大学のとき最初のアルバイトで買ったファッションアイテムは"シェーヌ・ダンクル"。自由になりたくて洋服屋に入ろうと決めたのに、その腕にはずっと社会に縛りつけられているようなチェーンを着けていました。あと"メドール"というリングも愛用していて、本来は違う意味だと思いますが、ピラミッドスタッズに〈エルメス〉の内に秘めたパンクが込められていると勝手に解釈しています。

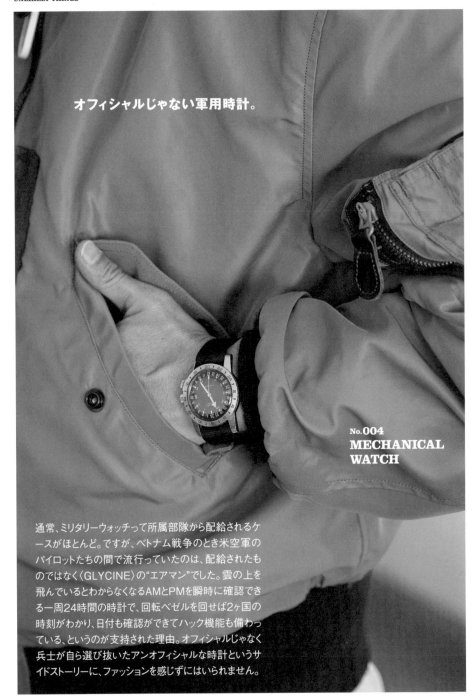

オフィシャルじゃない軍用時計。

No.004
**MECHANICAL
WATCH**

通常、ミリタリーウォッチって所属部隊から配給されるケ
ースがほとんど。ですが、ベトナム戦争のとき米空軍の
パイロットたちの間で流行っていたのは、配給されたも
のではなく〈GLYCINE〉の"エアマン"でした。雲の上を
飛んでいるとわからなくなるAMとPMを瞬時に確認でき
る一周24時間の時計で、回転ベゼルを回せば2ヶ国の
時刻がわかり、日付も確認ができてハック機能も備わっ
ている、というのが支持された理由。オフィシャルじゃなく
兵士が自ら選び抜いたアンオフィシャルな時計というサ
イドストーリーに、ファッションを感じずにはいられません。

分厚いのに、ちっちゃいジェダイ。

No.005
CHOCOLATE MUG

どんな〈ファイヤーキング〉を集めているかで趣味趣向が
わかります。ゲームバードやギンガムチェックなどの絵柄
で選ぶ人。キンバリーなどのシリーズで収集している人な
ど三者三様。僕の場合はやっぱりジェダイが好きです。
サンフランシスコに行ったら映画『アメリカン・グラフィテ
ィ』のロケ地で有名な「メルズダイナー」を訪れて"パティ
メルト"っていうチェダーチーズたっぷりなサンドとシェイク
をオーダーするのが至福なんですが、ああいうザ・アメリカ
ンなダイナーで使われている分厚くてどっしりと重いマグ
に、大好きなアメリカを感じるんです。とはいえ、ジェダイの
ヘビーマグは王道中の王道なので買うわけにはいきませ
ん。アンライクリー目線で選ぶと何なのか？ その答えは
1940〜'50年代のホットチョコレートマグです。特徴はな
んといっても分厚さをキープしながらサイズだけちっちゃく
しているところ。このギャップがたまりません。実はコレ、僕
にとっては使い勝手がよく、熱いコーヒーを入れて冷める
前に飲み干すことができるちょうどいいサイズなんです。

No. 006
**AFTER SHAVE
LOTION BOTTLE**

アートと聞くと敷居が高いイメージがありますが、僕にとっては値段や希少性などで計れるものではありません。100万円だろうが、タダだろうが、そこにどんなアート性を見出したか、その視点に興味があります。例えばこちら。トーテムポールの置物、ではなく、NYのフリマで購入した〈AVON〉というメーカーのアフターシェーブローションボトル。ボディがミルクガラスという時点で気合の入り方が違いますが、それ以上にグッとくるのは、サンダーバードを模したプラスチック製のキャップを回転させて閉じると、顔が必ず正面にくる！という細かいところ。鎌倉の古着屋でたまたま見つけたグローブ型のヘアケア剤も同じメーカーのもの。これが街の薬局で売られていたと考えたら興奮します。こういう大量生産の日用品にもアートが隠れている。それを探すのが楽しいんです。

日用品に隠れたアート性。

バッシュ黄金期のサブキャラ。

No.**007**
**BASKETBALL
SHOES**

ノーマークなモデルとはいえ中学生に買える値段ではなく、その後のヴィンテージブームでは88,000円に価格が跳ね上がって手も出ず。ようやく買えたのは社会人になってからです。余談ですが、最初に買ったバッシュは"エアソロフライト90"。中学校1年生のときは〈NIKE〉がさほど注目されておらず、どちらかというと身長168cmでダンクを決めるスパッド・ウェブがはいていた〈ランバード〉が人気でした。

1990年に連載が始まった『スラムダンク』からモ
ロに影響を受け、同じ年に中学校でバスケ部に
入ったミーハー世代。ということもあって、'85年
と'86年という黄金期にリリースされた〈NIKE〉の
"エアジョーダン1"や"ダンク"、"ターミネーター"と
いうバッシュ名品三銃士には誰もが憧れました。
ただ、人と同じものを嫌うアマノジャクセンサーが

作動した僕が目をつけたのは"チームコンベンショ
ン"。学生向けに、所属チームの色でオーダーを
受け付けていて、"エアジョーダン1"が上位モデ
ルだとするなら、これはカジュアルラインのような
位置付け。エアも入っていません。ただ、王道から
外れたサブキャラだけど、見る人が見ると、お、キミ
わかってるね!というポジション。そこがいいんです。

じゃない方の銘品。

No.008
THICKENED
WORCESTERSHIRE
SAUCE

ソースといえば「ブルドック」。じゃないです。僕が生まれ育った地元、宇都宮は焼きそばカルチャーが根強く、ソース選びに何かとうるさい土地柄ということもあって、昔から馴染みのある「大塚ソース」が中田家のスタンダード。玉ねぎやにんじんなどを煮込んで野菜の旨味を凝縮しつつ、そこへニンニクをプラスし、ナツメグやシナモンなどのスパイスを効かせているから後味の余韻が抜群にいい。小腹が空いているときは、「葉山旭屋牛肉店」でコロッケとポテサラと「高六商店」謹製のパンを買い、挟んでソースをたっぷりかけて頬張る。これがたまらんのです。

機能を果たさなかった遺品袋。

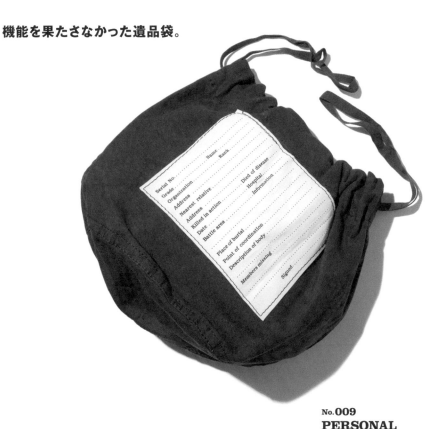

No.009
PERSONAL
EFFECTS BAG

U.S. ARMYの"パーソナルエフェクトバッグ"とは、兵隊が亡くなったときに、身につけていたドッグタグや、愛用していた時計、手帳、家族の写真などをこの中に入れて遺族に渡していた、いわば遺品袋のこと。ボディに縫われた白いパッチには、名前や所属以外に、死因や病気、日付、バトルエリアを記載する項目があり、戦争という悲しい側面を連想させるプロダクトです。なぜこれを集めているのか。何でもいいというわけではありません。古着屋では、結構アジの出たヴィンテージを見かけますが、僕が買うのはデッドストックだけです。未使用ということは、本来の遺品袋の役割を果たしていないということ。この袋を見る限り誰も亡くなっていない。なのでデッドストックでなきゃいけないんです。

薄手のバックサテン製。絶妙なサイズ感と巾着の仕様が普段のちょっとした外出にちょうどよくて、毎日のように使っています。デッドストックを見つけたら必ず買うアイテムです。

着眼点の天才。

世の中には、どんなに頑張っても勝てない人がいる。人生何回やり直したとしてもその発想力を超えられないアーティストがいる。工作好き3人の3D造形グループ、ゲルチョップがまさにそう。AとBでCにするという回路ではなく、AとZを組み合わせてまったく違うものを生み出す。そのThink different的な発想の転換にキュンキュンします。どの作品も子どものようなイタズラ心や企みを感じさせて、見た瞬間に童心に帰ってワクワクするんですよね。代表作であるFRP素材の"キリカブスツール"もしかり。自然界にある木の切り株を真っ白なFRPでつくっちゃう切り替えがスゴいですし、2021年に発表された「IKEA」とのコラボも最高。彼らのアンライクリーな視点からは本当に目が離せません。

「IKEA」の家具を買うと付いてくる
六角レンチ。そのアイコニックなデ
ザインからインスピレーションを受け
て、テーブルランプと2色の懐中電
灯をつくるという発想が泣けます。

No.011
WORLDTIMER

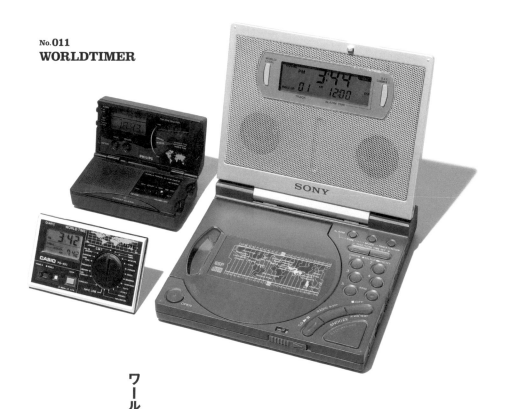

ワールドタイマー。

バイヤー時代に増えたアイテムといえばトラベルクロック、またの名をワールドタイマー。日本と現地だけでなく、次に行く都市の時間もわかって便利なのはもちろん、それ以上にときめくのが、このパイロットの操縦席にあるような複雑なボタンと近未来デザイン。世界を股にかけて飛び回っている感覚になって1人盛り上がります。〈フィリップス〉の"AE 4230/03 World Travel Clock Radio"（写真左上）は、「BEAMS」の初代雑貨部門のディレクターから引き継ぎ、〈カシオ〉の"PQ-40U"（同左下）は日本のリサイクルショップで発見。後ろに〈ブリヂストン〉のロゴがプリントされているので、おそらく何かのイベントの景品でしょう。〈ソニー〉の"ICF-CD2000"（同右）は目覚まし、FM,AMラジオ、CDプレイヤーとスピーカー付き。スマホが現れる前までは、ホテルに着いたらすぐワールドタイマーをデスクにセットするのが海外出張のルーティンでした。

僕の中でのカッコいい男が持つエチケットアイテムNo.1として君臨し続けている"フリスク"。そして〈メンソレータム〉や〈The Doctor's〉の爪楊枝などなど。毎日必ず持ち歩くエブリデイキャリーをどこに置いているかというと、このオレンジの断面みたいな入れ物です。名前は"ネイルカップ"。アメリカの靴修理屋が革底に使う釘を入れていたものらしく、どっしりとした鋳物の安定感と、クルクルと回すことができる機能美が土木や建築の職人からも支持されたとか。こういう専門職の道具をどうやってアンライクリー使いするか。そんなことばっかり考えています。

プロツールズのアンライクリー使い。

No.012
IRON NAIL CUP

高音が強めでシャカシャカと思いきや、中低
音も好バランス。コンパクトに収納できる折
り畳み式で、付属のキャリーポーチもいい感
じです。他にベージュもあり、それも欲しい!

気分が上がる
80's近未来リモートギア。

もう何回観たかわからない『バック・トゥ・ザ・フューチャー』シリーズ。何がいいって、1980
年代の人が想像して考えた近未来像。カーデザイン界の巨匠、ジョルジェット・ジウジ
アーロによる"DMC-12"をベース車にした"デロリアン"なんてめちゃくちゃかわいいで
すよね。内装のボタンや配線のカラーリング、タイムスリップする行き先時間を設定でき
きる機構など、どれもコミカルでディテールにばかり目がいってしまいます。〈KOSS〉の
Bluetoothヘッドフォン"Porta Pro"に惹かれた理由も同じ。発売されたのは'84年。
当時ではこのデザインが最新だったのでしょう。プラスチックのチープな質感、オモチャ
のようなフォルム、耳上部分に取り付けられたイヤークッションや、側面に書かれたモ
デル名のフォント、どれも完璧としか言いようがありません。ちなみに僕が持っているの
はワイヤレスモデルで、主にリモート会議で使っています。なぜかというと、ノイズキャン
セリング機能が付いていないから"ながら作業"に最適で、他のことをしながら使うとき
や、誰かから話しかけられる環境で打ち合わせをするときにベスト。そしてこの80'sの
近未来フォルムが気持ちを上げてくれる。これ以上ないリモートギアなんです。

ファニーなパッカブル。

No.014
HIP POUCH

財布と携帯をポケットに入れるとパンツのシルエットが崩れるか
らバンダナ以外は何も入れたくない派。そんな僕の定番は〈パ
タゴニア〉の"ファニーパック"です。大学生の頃から使い続けて
いる25年選手で、バイヤーになって海外に頻繁に行くようになな
って気づいたことは、アウターの中に隠せるから防犯対策にも
なるということ。この必要最小限のコンパクトなサイズは普遍的
です。が！もっともアンライクリーなポイントはパッカブル仕様に
あります。そもそも小さいからパッカブルにしても大きさがあまり
変わらないんです。もしどこかで見つけたら試してみてください。
笑えるぐらいぱっと見ほぼ同じ。でも、こういう無駄を無駄と思わ
ず楽しんでいる姿勢がアメリカっぽくて愛おしくなっちゃうんです。

伊達なフィルソン。

No.015
HUNTING
JACKET

"MADE IN USA"。大好きな響きです。でも僕は製造国に対して違った視点を持っています。アイテムの本質的な魅力と雰囲気を輝かせるために最適な場所でつくられ、優れたパフォーマンスを発揮できているかどうかが一番重要視しているポイント。この〈フィルソン〉のハンティングジャケットはまさにそれを体現する1着で、米国代表のブランドなのになんとイタリア製。それだけでも驚きますが、それ以上に面白いのが生地です。お馴染みのアイコニックなティンクロスを使っているものの、オイルで仕上げていないから生地がゴワゴワしていない。上質なジャケットを羽織ったときのような柔らかい着心地に繋がっていて、ワイルドさと繊細な色気が共存しているところにイタリアらしさを感じます。

ロック、パンクの聖地、イギリスのシルバーものはカッコいい。ただ、〈クレイジーピッグ〉や〈ザ・グレート・フロッグ〉に代表されるような躍動感あふれるドクロ全開のイカツい系シルバーアクセは、自分にとってはちょっと武骨で、いざ着けるとなると背伸びしすぎになってしまう。けど、この〈バニー〉という英国ブランドのペンダントヘッドを見てほしい。何かに似ている。そう、ピーターラビット。僕にとっては勇敢の象徴であり、大好きなキューピーのキャラクターでした。そのかわいさとは裏腹に、チェーンの留め具部分がやたらデカい鎖になっていて、あからさまに主張することなくシド・ヴィシャス的なパンクを内側に秘めている感じがクール。総じてめちゃくちゃイギリスなのがオツです。

内に秘めるパンク。

No.016
NECKLACE &
PENDANT TOP

カラビナの3トップ。

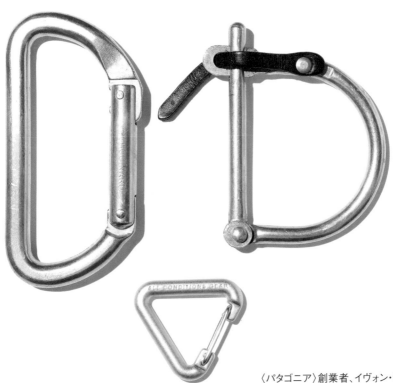

No.017
CARABINER

〈パタゴニア〉創業者、イヴォン・シュイナードがクライミングツールからモノ作りをスタートさせたと知ったのは高校3年の夏。それから1960〜'70年代に製造された〈シュイナード・イクイップメント〉のカラビナ集めをスタートしました。王道を知ってからはひとクセあるものを探すようになり、D環をレザーで固定する機能美がシャレてるスイス軍のカラビナや、ハードシェルなどに付いていて単体では買えない〈NIKE ACG〉の三角形カラビナがお気に入り。キーホルダーとして使っている〈パックセーフ〉の"TSA3ダイヤルDケーブルロック"にも付けています。

構造部分に隠れたアンライクリー。

No.018
CLIP

表面から見えない構造部分にアンライクリーが潜んでいるケースもあります。それがLAのフリマで見つけたこのクリップ。「HUNT MFG. Co.」というメーカーの"BOSTON CLIP No.1"というモデルで、文字のフォントがかわいいな～なんて手に取った瞬間とてつもない違和感を覚えました。古い年代ものの場合、バネがあるはずなのに……ない。よく見ると3つのステンレスパーツだけで成り立っていて、刻印のある筒状のステンレスの跳ね返りを利用して口を閉じる構造。留める機能を損なうことなく簡素化する姿勢に、アンライクリーな精神を感じてしまいます。

SHOP CHAIR

No.019
TOM SACHS
想像と創造の頂点。

どの角度から見てもアンライクリーな椅子は、2020年にスタートしたトム・サックスのオリジナル家具サイト「Tom Sachs Furniture」でリリースされた"SHOP CHAIR"。ミッドセンチュリーを連想させるメープル材の成形合板。円形のくり抜きは、航空力学からのインスピレーションでしょうか。どちらにしても僕の好きなアメリカがてんこ盛りです。

初代モデル "NIKECRAFT MARS YARD" の5年後にリリースされ
たのがこの "NIKECRAFT MARS YARD 2.0"。アッパー素材には
耐久性と通気性のあるトリコットメッシュ素材を採用。砂漠のような火
星の表面を歩くために突起させたパターンのアウトソールでしたが、こ
の "2.0" では都会での着用も想定。メッシュ素材のインソールの他
に素足ではくとき用のコルクソックライナーも付属します。このモデル
の凄さは、トム・サックス自身が初代モデルを5年はき続け、耐久性や
快適性を検証したうえでリリースされたこと。覚悟と本気度が違います。

MARS YARD 2.0

GENERAL PURPOSE SHOE

2022年に発売された〈NIKECRAFT〉の "GENERAL
PURPOSE SHOE（GPS）"。直訳すると多目的シュー
ズ。めちゃくちゃ普通な運動靴をトム・サックスがつくって
いるのが面白い。アッパーはメッシュとスエードという組
み合わせでシルエットはクラシック。頻繁にはいています。

"MARS YARD"プロジェクトのアイテム。宇宙飛行士の船外活動用シューズを思わせる"OVERSHOE"は、船の帆などにも使用される超強力ポリエチレン繊維ダイニーマ®で足元全体を纏う仕様。履き口にはドローコードが配されていて、ロールダウンするとクラシカルなシュータンが現れます。"MARCH YARD"とも呼ばれ、悪天候と寒さが襲う3月のNYで本領発揮するようにつくられているとか。"EXPLODING PONCHO"はフロント部分にポンチョを内蔵。プロモーション動画では、ワンアクションでポーチからポンチョが出てきて、バサッと羽織るシーンが象徴的に表現されています。"BEANIE HATCAP"も最高。全部のプレゼンテーションが一貫していて、言葉が出ません。

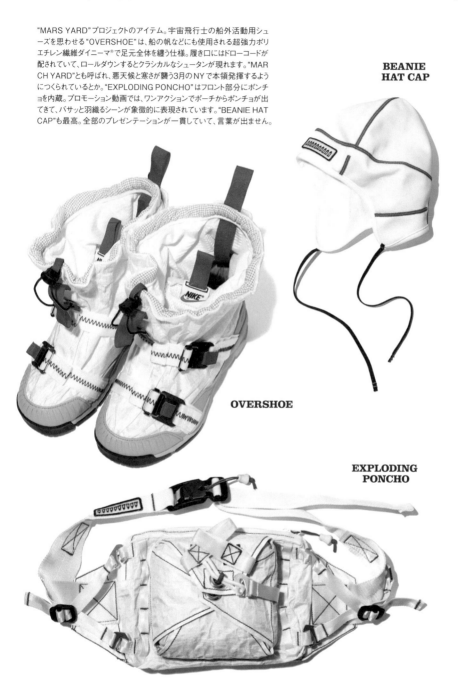

**BEANIE
HAT CAP**

OVERSHOE

**EXPLODING
PONCHO**

NASA CHAIR

2019年に「ビームス 原宿」で開催された
トムのポップアップストア。そこでは、'12
年にNYのパークアヴェニュー・アーモリ
ーで行われたトムの個展「SPACE PRO
GRAM:MARS」で登場した折り畳み式
の"NASA CHAIR"が抽選販売されて
いて、運良く手に入れました。MARSプロ
ジェクトの一員になれた気分を味わえます。

感覚だけで創作活動をしている人の作品って、正直グッとこなくて。ちゃんとルー
ツを知ったうえで崩したりアレンジしたりしているアーティストやデザイナーが好き。
ファッションでいうなら、アイビー、プレッピー、フレンチやDC、渋カジ、裏原、という
文脈を分かったうえで、どうフィルタリングして再編集しているか、という着眼点に
魅了されます。そういう創作の中でトップだと思っているのが、現代アーティスト
のトム・サックス。愛が強すぎて、中途半端に語れないほどです。とにかくコンセプ
チュアルの究極。有名な"NIKECRAFT MARS YARD"は「宇宙飛行士が火
星に持って行くとしたら」をコンセプトに〈NIKE〉とタッグを組んだプロジェクトで、
その時点でも最高なんですが、2012年発売の初代モデルは火星の環境に耐
えられる強度と軽さを持つヴェクトランをアッパーに採用していたり、アウトソール
は火星での歩行を考えて深い凹凸にしたりと、架空の火星話なのにどれも説得
力があって胸がトキメキまくり。さらに、'17年にリリースされた2代目"NIKE CR
AFT MARS YARD 2.0"は、トムが実際に初代を5年間はいて耐久性や快適
性の改良点をフィードバックしたというのが泣けます。ストーリーを想像しながらい
ろいろシミュレーションを重ね、素材やディテールの試行錯誤を繰り返し、自分な
りの「これはこうでなければならない」という着地点を決めているから、人の心をこ
んなに動かすんでしょう。そして、箱やパッケージ、冊子など、細部までプレゼンテ
ーションと遊び心が一貫していて、かつ、アメリカンドリームが詰まっているのが
いい。トムのYouTubeアカウントで公開されている"MARS YARD"シリーズの
「OVERSHOE」や「EXPLODING PONCHO」のプロモーション動画なんて
何度見ても感動して目がハートになります。トム・サックスというアーティストがい
る時代に生まれて自分はなんて幸運なのか。ずっと追い続けたい人です。

トムとの出会いは、野村訓市さんに紹介してもらった
のがきっかけ。「中田君、いまニューヨークにいる
の?」と聞かれ、「明日トムの事務所行くけど、行く?」と
言われ、行きます!と即答。挨拶をしたらスタジオを案
内してくれて、トムが今やっているプロジェクトを細かく
説明してもらいました。夢のような時間で、〈Makita〉
の改造モノとか、彼はどピュアな創作をしている人に
会ったことないです。その縁が繋がり、セレクトショップ
としては初となる夢のコラボレーションをさせていただ
いたのが 2019 SS。Tシャツの背面に書かれている
「IT WON'T FAIL BECAUSE OF ME 僕がいれば
失敗しないよ」という言葉はNASAの内部スローガン。

アートを身に纏う。

No.020
JURSEYS
SETUP

"ART FOR EVERYDAY"とは〈BEAMS T〉が掲げているコンセプト。年齢とか関係なくアートを楽しむ権利があるし、お金はなくても、アートを着て楽しもうよという文化にすごく影響を受けました。作品は買えなくてもTシャツを持っているだけで満足度が高いので、気になるアーティストのグラフィックものは買うようにしています。中でも特に気に入っているのがコレ。2019年に「ビームスT 原宿」で、〈アディダス オリジナルス〉とアーティストの田名網敬一さんがコラボすると聞きつけてすぐに購入。サインもいただいちゃいました。オーセンティックなジャージのセットアップに施された違和感MAXな刺繍。今はまだサラッと着こなせませんが、こういう服がばっちり似合うおじいちゃんになりたいです。

No.021
SMALL TOOLS

造形美重視で、用途は二の次。

スモールツールに目がありません。小さい中に男のロマンが詰まっていると言いますか。海外のホームセンターに行くと、真っ先に売り場を探してしまいます。数ある中でも、大事にしているのがこの3つ。スマホかパソコンが手元にあったら、http://www.atwoodknives.comを検索していただきたい。ピーター・アットウッド。米サンフランシスコを拠点に、マルチツールを作り続けているアーティストであり職人。商品が完成したらホームページにUPされるんですが、おそらく毎日のようにチェックしているコアなファンが世界中にいるのでしょう。いつ見ても「Sold Out, Thanks！」となっています。(そのホームページも、インターネットが普及して間もない頃のような超アナログデザインで良い！)。写真の下がその彼の作品。マイナスドライバー、ボトルオープナーが付属し、黒いラバーでホールドされている中央のプラスドライバーは、取り出して6角穴に差し込んで使う仕組み。もう少し単純なデザインにもできたはずなのに、造形的な美しさを最優先しているスタンスが垣間見えます。写真右上は25セント硬貨にプラスドライバーを溶接したトム・サックスの定番"Quarter Screw Necklace"。やはり鬼才です。左上は、ノミやカンナなどの刃先を切込みに押し当てて角度を測るベベルゲージと呼ばれる道具。「WOODCRAFT SUPPLY」というアメリカのメーカーのもので、カンナなんて日常でまったく使わないのに、計測という機能を追求した末に辿り着いたこの左右非対称な美しいアンバランスに心打たれました。

夢を与え続けてくれる
クラシックフィット。

高校2年生のとき。地元、宇都宮のセレクトショップで買った〈カルバン・クライン〉のクラシックボクサーブリーフ。ちょっと背伸びをして、当時付き合っていた彼女とデートでその店へふらっと買い物に訪れたとき、本当はお金もないのに見栄を張ってこのブリーフの1枚入りボックスを購入し、大事に10年ぐらいはいていました（俺のスタンダード感を出していましたが、はいていたのはここぞという勝負のときだけ）。何が魅力かというと、若いときは、腰パンしてロゴを見せるだけで様になるところ。おじさんになって腰パンすると、中年体型ゆえにお腹のお肉がパンツの上に乗って悲しい姿に……と思いきや、クラシックフィットは股上が深いので、ぎゅっと持ち上げるだけでお肉を押さえ込めるんです。つまり、カッコつけられて、矯正下着にもなる。あらゆる世代の男のモテたい願望を影で支えてくれる、唯一無二の下着なんです。

愛用歴は30年以上。コットン製で、締め付け具合もちょうどよく、ヘザーグレーの色味もいい。ちなみに「BEAMS」でも取り扱っています。モテたい若者とおじさんにオススメです。

No. 022
BOXER BRIEFS

中田的パーマネントコレクション。

No.023
SWING TOP

スティーブ・マックイーンが愛用していたことでお馴染み。〈バラクータ〉の"G9"は、僕にとっても「BEAMS」にとっても特別な存在です。'90年代のストリート全盛期の頃であっても「BEAMS」は〈バブアー〉と〈バラクータ〉だけは必ず取り扱っていました。流行がどう変わろうとも、絶対に定番として伝え続けるセレクトショップの背骨と言いますか、絶対外せないブランドであり服なんです。僕に

とっても忘れられない1着で、入社前、〈BEAMS PLUS〉でアルバイトしていたときに最初の給料で買ったのが左の黄色。正直言うと、本当はブラックやベージュなど、王道のカラーが欲しかったんです。でも、先輩の鶴の一声で、誰も狙っていなかったこのイエローを買うハメに……。ただ、そのひと言がアンライクリーな道へ進む僕の背中を押してくれたような、今となってはそんな気がしています。

90's のトラッド。

No.024
SUNGLASSES

普通の古着屋では絶対にピックしないものがあるので、リサイクルショップクルーズという名の個人的バイングをするのがライフワークです。このサングラスは近所のリサイクルショップで発見した〈レイバン〉。モデル名は"トラディショナル"なのに販売時期を調べるとまさかまさかの'90年代。そして、誰に聞いても「知らない」と口を揃えるノーマーク加減が最高にツボ。鼈甲柄のプラスチックは見た感じだとチープなんですが、かけると広めの天地幅が絶妙で、キーホールブリッジも好バランス。どういう時代背景で生まれたのか。謎が深すぎて即購入した逸品です。

人生の先生と、紺ブレの話。 — チューブ — 斎藤久夫さん —

DEAR
MY TEACHER

N° 1

TUBE
—
Hisao
SAITO

アンライクリー・トラディショナルの先生。

「街に出て、自分の五感で何かを探し、体験する。物をよく見る、手で触ってみる。新しいアイテムや、コーディネートにチャレンジする」。これは、アンライクリー・トラディショナルの先生である〈TUBE〉の斎藤久夫さんから学んだ仕事への心構え。毎回打ち合わせに伺うとメモを僕にくれるんです。これまで数えきれないほどいただき、「ホビーとしての服と自分は、楽しくユニークでまじめで、ビジネスの服については、もっとしたたかで、全力でぶつかってよく考えて、マーケットを見極めて堂々と自信を持って」という言葉は特に宝物。すべてファイリングしてデスクの棚に置いていて、何かに迷ったり悩んだりしたら、斎藤さんからいただいた数々のメモに背中を押してもらっています。何十年と第一線でファッションを見てきた、その知見を惜しみなく教えてくれる本当の生き字引。包容力がスゴくて、20歳近

No.025
TUBE × BEAMS PLUS
Patchwork Blazer

く年下の僕にだっていつも敬意を持って接してくれて、若いジェネレーションにも柔軟に対応してくれる。通常だとあり得ないような別注の提案をしたとしても、斎藤さんは絶対に否定しない。まず、「それいいね」と面白がってくれて、'50年代、'60年代の古い雑誌やカタログを本棚から引っ張り出し、「この年代にも、こういう表現があったんですよ」と教えてくれる。すべての考察が経験に基づいて分析されていて、必ず歴史的な資料をもとに解説してくれるんです。そして遊び心があって（こう表現したら失礼かもしれませんが）お茶目でチャーミング。2022年FWに〈BEAMS PLUS〉が別注したブレザーも、ダイヤカットのパッチワークというのがトリッキーですが、着てみるとリラックス感があってカーディガン感覚で羽織れて派手すぎずかわいい。あぁ、斎藤さんの服だって袖を通すたびに思います。

ぽってりした
U.S. NAVY。

"ウォッチマグ"は、風の吹く超極寒
の船上で見張り員が手を温めるた
めに使われていたことに由来。取っ
手がないためハンドルレス・マグとも
呼ばれるそう。そのストーリーもいい。

No.026
DENIM JACKET,
DENIM PANTS &
WATCH MUG

よくよく考えると、子どものときに集めていたビック
リマンチョコもキラキラした「ヘッド」や「天使」で
はなく、狙っていたのは「お守り」と呼ばれるスタ
ー性の薄いキャラ。デニムジャケットも同じように、
〈リーバイス®〉の"ファースト"や"セカンド"には憧
れがあるものの、真正面からだと叶わない先輩が
たくさんいる、ということで行き着いたのがU.S.
NAVYでした。生地も10.5オンスと厚すぎず、柔
らかくてゴワゴワしていないし、パンツも股上が深
くてゆったりしたワイドシルエット。ジャケットはショ

ールカラーでボタンはアンカーボタンといったよう
に、どこをとってもかわいいポイントだらけなんです。
その流れで収集しているのが、第二次世界大戦
で使用されていた「コーニング」の"ネイビー・ウォ
ッチマグ"。中のドリンクが冷めにくい極厚のミル
クガラス仕様で、ハンドルのないぽってりとしたフ
ォルムは底冷えする甲板作業時にハンドウォーマ
ー的な役割を果たしていたそう。デニムもマグも、
ワークやミリタリー特有の武骨さはなく愛らしさが
ある。それがU.S.NAVYの魅力かなと思います。

No.027
LEATHER
CARD CASE

ビッグサイズの名刺入れ。

中田の統計上、オシャレな人って名刺を3〜4枚ぐらいしか
持っていないんですよ。しかも入れているカードケースがとに
かく薄い！なんでそんなに非効率なことをしているんだろう？
それがオシャレというものなのか？いやいや。なんてことを自
問自答しながら、ずっと自分らしい名刺入れを探していました。
〈エルメス〉もいい。〈ゴヤール〉？いや〈ルイ・ヴィトン〉、と見せ
かけて〈スマイソン〉だ！なんてあれこれ市場調査していた
2015年。出張先のパリにて運命的に出会ったのがこの
〈モワナ〉です。上司がモノグラムの名刺入れを使っていて気
になっていたブランドでしたが、本店でビビッと目を奪われた
のがこのパスポートケース。軽く50枚は入ってしまう大容量
は、自分が求めていた究極型で、このビッグサイズだけでなく、
封筒を連想させるかわいいエンベロープ型や、シボのある分
厚いカーフレザー、美しいエッジの処理に至るまで、どこをとっ
ても細部までパーフェクト。それからというもの、「名刺入れ、
デカいですね」そして「それすごくいいですね！どこのです
か？」というやりとりが初対面の挨拶のお決まりになりました。

No.028
WORK BOOTS

まるでドレスシューズ。

「ワークブーツって作業用の靴じゃないです
か。頑丈で、壊れにくければいい。にもかかわ
らず、御社はまさかのフルライニング。肌当た
りが抜群によく、クッション材を内蔵している
おかげで長時間はいてもストレスが少なくて、
ドレスシューズ目線でつくられたかのような上
質なワークブーツ、という本筋と逆行したモノ
づくりの姿勢にアンライクリーを感じるんで
す!」と、130年の歴史を誇るアメリカのワーク
ブーツメーカー〈ウェインブレナー〉本社の担
当者に熱弁したら響き、2014年に〈BEAMS
PLUS〉でコラボレーションが実現しました。19
57年にアウトドア用シューズのレーベルとし
て生まれた"Wood n' Stream"の1stモデ
ルを僕が持っていて、どうしてもこれを復刻し
たいと頼み込んだら「このアーカイブは本社
にもないので、ご提供いただけるようでしたら
完全に再現します」とのこと。米国の大量生
産を背景に、これほど本気でつくり込んでい
るワークブーツがあったという事実が嬉しい
ですし、それを奇跡の"MADE IN USA"で
蘇らせることができたのも感慨深いです。

No.029
HEAVY-DUTY OUTER
愛しきトゥーマッチ。

スタッフサックがとにかく好きです。オーバースペックのものをスタッフサックに入れること自体がオーバー。この付属品はダウンジャケットを入れるとまるで寝袋みたいになります。隙間なくミッチミチに収納されたフォルムだけで、これがどれだけ暖かいのか一目瞭然です。

2016年に〈キャプテンサンシャイン〉と〈シエラデザインズ〉と〈BEAMS PLUS〉のトリプルネームプロジェクトが始動。「パンパンに入っているクラシックなダウンってカッコいいよね」という話でデザイナーの児島さんと盛り上がり、歴史を辿りながら完成したファーストモデルがこのロイヤルブルーのダウンジャケット。これぞオーバースペックの極み。

僕が「BEAMS」を好きな理由。それは、トゥーマッチを本気で楽しんでいるところです。入社した2000年当時はアウトドアを軸にしたスタイリングが流行っていて、先輩たちの足元は街ばき用ではなく3000m級の登山にも対応するガチなマウンテンブーツが鉄板でした。険しい岩場で踏ん張るためのソールだから屈曲性はほぼゼロ。それでもみなさん歯を食いしばってスキーブーツのごとくつま先でぎこちなく歩きながら販売していたのを鮮明に覚えています。ハイスペックなハードシェルもそう。雨風外気を完全に遮断しすぎて満員電車の中では蒸れて汗ダラダラになることもしばしば。それでも、頂上を目指しているブランドにやはり男のロマンを感じてしまうんです。〈BEAMS PLUS〉20周年記念でリリースした〈シエラデザインズ〉のダウンジャケットなんてダブルチューブ仕様だからはちゃめちゃにパンパン！ガチな雪山にも耐えられるので、インナーはTシャツで十分暖かいですが、それでもチェックのネルシャツやパーカをやり過ぎなぐらいレイヤードするのが「BEAMS」らしさ。盛りだくさんなオーバースペックをシティで着ることに美学があるんです。

最高位モデルと言われる初期"エクスペディションダウン"
を〈BEAMS PLUS〉20周年記念で復刻。ディテールは当
時のものを再現しつつ、サイズは今っぽくアレンジしました。

こちらもトリプルネーム。極限までダウンを詰め込んだベ
ストをダウンシャツとアンサンブルできて、単体でもそれ
ぞれ使えるというモダンな発想。ヤラレタ！と思いました。

〈シエラデザインズ〉を代表する"インヨージャケット"。ダウ
ン製品のUSA製がもうなくなるというタイミングで購入。
象徴的なライニングとのツートーンを守り続ける姿勢もいい。

中に入っているのはダウンではなく中綿という〈BEAMS PL
US〉のひねくれたアンライクリーな別注。インナーでもアウター
でもOKという使い勝手のいいハイブリッドな厚さでつくりました。

〈キャプテンサンシャイン〉と〈シエラ
デザインズ〉と〈BEAMS PLUS〉
のトリプルネームで復刻したアノラ
ック。撥水加工を施しているので
雨ガッパとしてもOK。サイドスナッ
プをガバッと開いて着るのが楽しい。

No.030
EYEWEAR

トランスフォーム・アイウェア。

変形サングラスはスティーブ・マックイーンが愛用していた伊〈ペルソール〉派と米〈レイバン〉派に分かれますが、自分は後者。でもこのフレームはフランス製。1980年代ぐらいのもので、ミックスカルチャーを感じさせます。

Ray-Ban

「中田にはすごいお世話になったから、何か一個プレゼントしたい。そのかわり一生使うものを選んで欲しい」と尊敬する上司に言われていただいた〈ルノア〉。今はトラベル用。いつかは老眼鏡として、一生使いたいです。

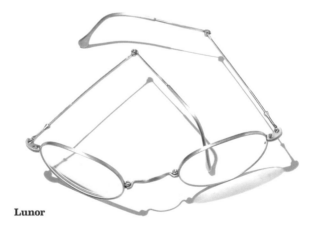

Lunor

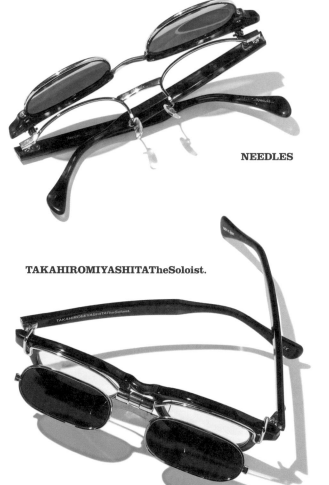

NEEDLES

TAKAHIROMIYASHITATheSoloist.

カラーサングラスとクリアレンズの2枚構造で、カラーレンズのみを跳ね上げる、というのはよく見ますが、この〈ニードルズ〉は、シンプルにカラーサングラス1枚を跳ね上げる仕組みのブロー型。すごく粋だなと思います。

サイズの違うレンズを重ねるギャップにファッションを強く感じる〈タカヒロミヤシタザソロイスト。〉なので僕はパリやミラノ、NYのコレクションで、ファッションの人に変身したいときに使います。夢のある変形モノです。

小学生の頃、好きだったおもちゃがあるんです。同世代ならピンと来るはずの"ゴールドライタン"。1981年にテレビ放送されたタツノコプロ制作のロボットアニメで、変形ロボットという発想においては、'84年に発売された『トランスフォーマー』の先駆け的存在。ライターをロボットにアレンジできるって最高ですよね。そういうギミックに萌えるのはファッションにも通じるところがあり、パッカブルなど2パターン楽しめる服やモノは昔から大好物。アイウェアでいうなら、やはりフォールディング。〈レイバン〉のサングラスや、繊細なドイツの〈ルノア〉、さらに、跳ね上げ式の〈ニードルズ〉や超アーティスティックな〈タカヒロミヤシタザソロイスト。〉。琴線に触れるのは変形モノばかりです。

人生の先生と、紺ブレの話。── エンジニアド ガーメンツ ── 鈴木大器 さん ──

ワールドワイド・アンライクリー。

DEAR
MY TEACHER

N° 2

Engineered
Garments
—
Daiki
SUZUKI

その角度からモノゴトを見ている人がいるとは……、とお会いするたびに驚きと感動と衝撃の連続なのが〈エンジニアド ガーメンツ〉の鈴木大器さん。〈VANS〉とのコラボで世間を震撼させたアシンメトリーや、2016年春夏に〈BEAMS BOY〉でリリースした〈TIMEX〉の反転"オリジナルキャンパー"なんて、冷静に考えると発想の角度がとんでもないですよね。文字盤とブランドロゴをミラー反転させちゃうってスゴ過ぎます。別注の相談をしにいくと、誰も考えつかない角度のアイデアがポンポン出てきて、草野健一さんがディレクターだった時代に〈BEAMS PLUS〉で型から別注したエクスクルーシブモデル"グラスフィールドパンツ"（草と野の英字）なんてアンライクリーの王様。前面はファティーグパンツとU.S. ARMYのチノトラウザーズの左右非対称、裏面は、レ

No.031
ENGINEERED GARMENTS
× BEAMS PLUS
MID FIELD BLAZER

ンジャーパンツとペインターパンツの左右非対称。4面全部
違うという究極型。その後、僕がディレクターになって別注
させていただいたのがこの"ミッドフィールドブレザー"。右身
頃は英国調なチェンジポケット。左身頃はパッチ&フラップ
ポケットの組み合わせ。後ろ身頃はセンターフックベント。ア
メリカントラディショナルを感じるスポーツコートのデザイン。
さらにフロントはチェンジボタン仕様って……ヤバくないで
すか?ミリタリーやワーク、スポーツなどの膨大なディテール
データが脳内に蓄積されていて、それを独自の視点で組み
立ててまったく新しいものをつくっていると思われますが、そ
の回路がどうなっているのかすごく気になります。自分のこ
とをアマノジャクだと思い込んでいる人が大器さんに会った
らきっとこう思うでしょう。アンライクリーの世界は広いと。

本番ではなく、練習にもお金をかける。それ
は、ON/OFFどんな瞬間でもコンセプチュ
アルでいたいという気持ちの表れであり、ア
ンライクリーの第一歩。例えばサーフィンの
練習。使うのは〈RHYN NOLL〉のヴィンテ
ージ。グラスファイバーコーティングされた本
気のウッドボードです。ショーツはクレイジー
カラーの〈バードウェル〉。家の近所ならどん
な格好でもいいという考え方ではなく、クラ
シックサーフスタイルが好きなら恥ずかしが
らずに膝上10cm丈はマスト。形から入る
男ってカッコ悪い？いや形から入ることを
極めてこそホンモノだというのが持論です。

No.032
SKATEBOARD STYLE

練習も本気の姿勢。

まさか自分が宇宙に関われる日が来るとは……。2019年にJAXA（宇宙航空研究開発機構）からお声がけいただき、国際宇宙ステーションで長期滞在する際に野口聡一さんが着用する被服をプロデュースしてほしいとのことで、ジャケットとパンツ、それぞれ単体で着られる仕様にアレンジしたのですが、そのときにコラボレーションしたのがこのカップです。せっかくこんなスゴいプロジェクトをやるんだから、JAXAをバックアップしている企業と手を組んで面白いことをやりたいよねとチームで話していたとき、真っ先に賛同してくれたのが「日清食品」でした。カップヌードルフォントを使わせていただいた"SPACE BEAMS"ロゴが激アツ。'21年に世間をザワつかせた「スーパー合体シリーズ」や、カップヌードル専用フォークなどなど、アンライクリー視点をすごく大事にしている会社。「are you hungry？」や「ヤキソバン」、そして今に至るまでのTV-CMも全部個性があって好きです。

No.033
CUPNOODLE CUP

アンライクリー・センス日本代表。

No.034
HUNTING SHOE
& BOAT AND TOTE BAGS
誇れる仕事。

**Color Maine
Hunting Shoe**

ちょっとの仕様変更で、いかに劇的な変化を見せられるか、というのが最大のテーマ。あれこれ悩んだ結果ひらめいたのが、"Maine Hunting Shoe" のアイコニックなツートーンを、ワントーンにするというアイデアでした。

「BEAMS」の歴代バイヤーが1976年の創業から幾度となくチャレンジしてきた〈L.L.Bean〉とのコラボレーション。アウトドア、ハンティングのパイオニアはそう簡単にドアを開くことはありませんでした。それでも挫けずアプローチしてきたのがレジェンドバイヤーの舘野史典（P109）です。30年以上ずっとコラボへの道を諦めず、砂漠の中で針を探すような作業をし続けたからこそ一筋の光

Boat and Tote Bags

2012年に注目されていた"バイカラー"から着想したディープボトム。〈L.L.Bean〉らしい配色は何なのかと古いカタログを調べまくり、辿り着いたのが赤、緑、紺の3色でした。写真上のモデルは自分が所有するヴィンテージ（左）をもとに、現〈BEAMS PLUS〉チームが考え出し2022年に発売したホリデーコレクションのアイテムです。

が差し、本国のディレクターに直接プレゼンさせていただく奇跡のようなチャンスに恵まれたのが2012年。舘野含め、チームメンバーとともに緻密な打ち合わせを何度も重ね、熱いパッションをプレゼン資料に詰め込んで米メイン州フリーポートへ向かい、本社のドアを抜けたあの瞬間を今もよく思い出します。「USA製でつくり続けている"Maine Hunting Shoe"を、〈L.L.Bean〉の象徴的なカラーパレットでワントーンにしたい。そして同じくUSA製を貫くマスターピースである"Boat and Tote Bags"のボトム部分を深くしたいんです！」という鼻息荒めの熱意が届いたのか、翌年の'13年から悲願のコラボレーションが始まりました。これまでで一番誇れる仕事は何ですか？と聞かれたら、このコラボを挙げます。天国にいる舘野さんも、間違いなく同じ答えだろうな。

Bean's 1961 Maine Hunting Shoe

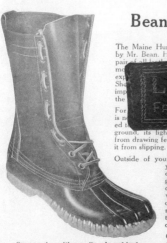

The Maine Hunting Shoe was developed in 1914 by Mr. Bean. He returned from hunting wearing a pair of all leather ... shoes, the ... in common ... of this exp... ... unting Sh... Many imp... ... e for the ...

For ... ... ow, it is n... ... dapted t... ... bare ground, its lightweight cushion innersole keeps it from drawing feet, while the crepe rubber sole keeps it from slipping.

Outside of your gun, nothing is so important to y... ... c... ... g... ... o... ... s... ... t... cessary.

PAT'D JAN. 11, 1921

Our new shoe with non-slip sole and heel.

Our Maine Hunting Shoe is made on a swing last that fits the foot like a dress shoe fits over a silk stocking.

The tops are made from full grain cowhide in tan elk tanned or brown oil tanned leather. The elk tanned leather is lighter and softer but not as waterproof or as durable as the oil tanned leather. Both leathers will not grow hard by wetting and drying if treated with Waterproof Dressing shown below.

The picture at upper right shows our patent backstay used on all our 1961 Hunting Shoes. This split backstay is a positive protection against heel cord chafing.

The bottom is made on swing last of extra high grade dark reddish brown rubber with cream color non-slip vulcanized sole, the only material made that will not wet through while tramping in melting snow or freeze stiff in cold weather.

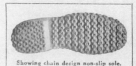

Showing chain design non-slip sole.

6 in.   8 in.   10 in.   12 in.   14 in.   16 in.

Bean's Moccasin Boot

Made of Brown Oil Tanned Leather with rubber bottom same as used in our Maine Hunting Shoe. Adjustable buckle strap at instep as shown. Full gusset opening at top, as shown.
Whole sizes only 5 to 12.
Widths D, EE, and FF.
Prices: 9" $12.75. 12" $13.75 postpaid.

Lounger Boots

Boat and Tote Bags

Handy tote bags for boaters and campers. Sturdily constructed from extra heavy white duck. While the large size was designed to carry ice, its capacity is very useful in carrying and protecting bulky and odd shaped gear or clothing. The smaller size is excellent for shopping or as a book bag.
Two colors: White with Red trim. White with Blue trim.
Two sizes:
6" x 13½" x 12" high.
8711 Small Boat & Tote Bag, $4.80 postpaid.
8" x 17" x 16" high.
8712 Large Boat & Tote Bag, $6.20 postpaid.

Boat and Tote™ Bags

Bean's Boot Socks
Thermal Lined

Bean's Deluxe Oversize Decoys

with RAY-BAN Outdoors MAN Glasses

Cotton T-Shirts

L.L.Bean
FREEPORT, MAINE

〈L.L.Bean〉本社へ実際持って行ったプレゼン資料。古いカタログをコピーして切ってスケッチブックに貼りました。左ページの下段には "Maine Hunting Shoe"。右ページの中段には "Boat and Tote Bags" を。ディープボトムのイメージが伝わるようにマーカーで塗りました。

ウィーアーザワールド。

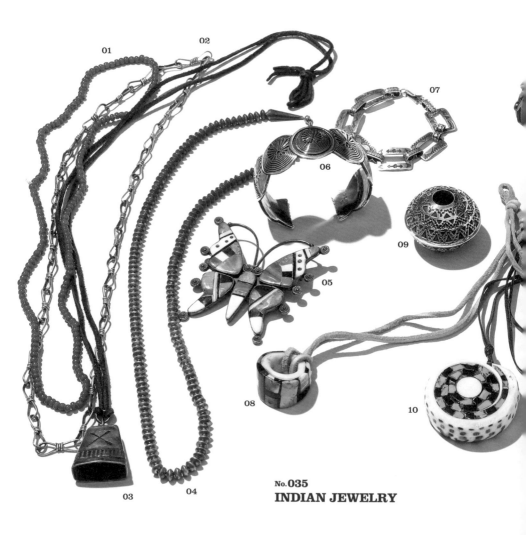

01

02

07

06

09

05

08

10

03

04

No.035
INDIAN JEWELRY

01.サンタフェのマーケットで買ったホワイトハーツのネックレス。02.ナバホ族のチェーン。03.ニューメキシコ州ギャラップのトレーディングポストで購入したナバホ族のベル。04.ナバホ族のチェーン。05.ズニ族のパピヨンはブローチにもなるペンダントトップ。06.ホピ族のトップアーティスト〈JASON TAKALA〉のバングル。オーバーレイの神様だと僕は思っています。本人から直接購入。07.フレッド・ハービー時代の観光土産的なコマーシャルジュエリー。08.サントドミンゴ族のヴィンテージ。現地に直接行って購入しました。09.ナバホ族の〈SUNSHINE REEVES〉のシードポット。スタンプワークは機械のような精密さ! 10.サントドミンゴ族のヴィンテージ。シルバーではなく貝殻や石を使用しているのが特徴的な美しさ。11.ヴィンテージの資料をもとに再現してもらった個人オーダー品。12.〈Herman Vandever〉というナバホ族のトップアーティストの作品。貴重なターコイズ "No.8" を使用しています。13.サンタフェのアーティスト〈Aaron Lopez〉の精密で繊細な、まるでアートのようなレザーブレスレット。14.フレッド・ハービー時代のコマーシャルジュエリー。15.ホピ族のアーティスト〈Charleston Lewis〉の作品。ロックミュージシャンでもありアンライクリー。16.ナバホ族のシンプルなバングル。

11

12

13

14

15

16

インディアンジュエリーのバイヤー時代、民族や部族の成り立ちから歴史、思想まで、できるかぎり勉強しました。なぜかと言うと、簡単な気持ちでは絶対に扱っちゃいけないものだから。ナバホ、ホピ、サントドミンゴ、ズニなど、それぞれ伝統とプライドがあり、目には見えなくても、越えちゃいけないラインが確かに存在する。ただ、そういう線を引き合うポイントをなくして組み合わせたらもっと楽しくなるんじゃないか、というのが「BEAMS」の先輩たちから教わったこと。でも、ノールールで重ね付けするのは節度もなければリスペクトもない。モチーフはどれも神聖で、すべてに深い祈りが込められている。それをちゃんと理解したうえで日々のコーディネートに様々な部族のインディアンジュエリーを落とし込めたら、というのが理想ですが……まだまだ勉強中です。

そっちじゃない。

あなたにとってアンライクリーのアイコンは誰ですか？と質問されたらもう20年近くウディ・アレンと答えています。誰もが認めるハンサムというわけでもなく、スタイリッシュでも長身でもない。けど、トラッドの着崩しや身のこなし方、立ち振る舞いが何であんなにカッコよくてかわいいのか。『アニー・ホール』なら、M-51フィールドジャケットと緑のチェックシャツの70'sっぽい組み合わせが最高。深いタック入りのチノパンやコーデュロイジャケット、テニスをするときのラインソックスなどなど、どれもこれもお手本です。僕の生まれ年がこの映画の制作年と同じ1977年ということもあって高校時代からシンパシーをビンビンに感じていて、〈BEAMS PLUS〉ディレクターになってすぐ米国の名門〈サウスウィック〉に個人オーダーしたのがこの"アニー・ホール ジャケット"。きっと誰もがオープニングの回想シーンでウディ・アレンが着ていたやつを想像するでしょう。赤いタータンチェックのシャツを合わせ、ベースレイヤーは茶色のクルーネックT。その上に羽織っていた超幅広ラペルのクラシックなあのツイードジャケットを。ですが実を言うとそっちではなく、真っ赤な夕日に染まった美しいビーチを2人並んで歩くエモいシーンで、ダイアン・キートンが着ていたエルボーパッチ付きのジャケットがネタ元。これに気付いていた人は結構アンライクリーです。

僕が配色フェチになった理由。

No.**037**
AUTHENTIC
RUNNING SHOES
& ANORAK JACKET

風景、建物、服、モノ、すべてにおいて、色と色の組み合わせばっかり見てしまいます。ネームタグの色だと〈J.クルー〉の緑巨人タグや〈チャンピオン〉のランタグとか完璧。パーツなどのディテールも配色が気になってしまう。なぜこんなに好きになったのかというと〈NIKE〉の影響がめちゃくちゃ大きい。特に1970年代中盤から'80年代頭ぐらいまでのスニーカーやウエアの配色がヤバくて、僕の生まれ年の'77年頃にリリースされた"LD-1000"なんてスゴ過ぎ。2色使いしている黄色がそもそも一般的な彩度じゃないし、オレンジのスウッシュと、インソールの鮮やかなブルーも冴えまくり。そして何と言ってもシューズケースのターコイズブルー！コレとコレを組み合わせるとこんなカッコよくなるという驚きと感動とアメリカらしさが全部詰まっていて、時代がどう変わろうと配色フェチの琴線を刺激しまくるわけです。他にも'75〜'77年ぐらいにつくられた筆記体の"ナイロンコルテッツ"なんて文句なしにカッコいいし、'80年前後にリリースされたと思われるナイロンアノラックも、赤やネイビーといったベーシックな色なのにパワーが違う。ちなみに今狙っているのが黄色と黒の'77年製"ニューボストン"。今でもいろいろなスニーカー本を読み耽りながらアレも欲しいなコレもいいな〜なんて思いを巡らせています。

アメリカのフォークアートにときめく理由の1つが、いろいろなものに何らかの象徴があるところ。雨を降らして土地を豊かにする象徴がカエルだったり、地上のすべてのことを知り尽くす知識の象徴がリザードだったり。ものに神の力を宿すというストーリーが素敵だなと思います。これはニューメキシコのサンタフェでやっていた青空市場で見つけたもの。〈Agnes Peynetsa〉という陶芸家の作品で、ちょこんと乗っているカエルやリザードがかわいい、というビジュアルだけでなく、機械でつくったとしか思えないハンドメイドの球体にアンライクリーを感じます。

機械的なハンドクラフト。

No.**038**
CERAMIC ART

ユニフォームとしてのブレザー。

イームズ夫妻の成型合板（P014）しかり、ガラスボトル（P010）しかり。栄華を誇った戦後アメリカの大量生産からめちゃくちゃ影響を受けた自分としては、テーラードよりもレディメイド派。体型に合わせて服をつくるのではなく、既製服に自分をチューニングするほうに喜びを覚えます。その感覚を定番の服で表現できないだろうか？と模索していた〈BEAMS PLUS〉ディレクター時代の2013年。それ以降、毎シーズン展開し続けている"コンバット ウール ネイビーブレザー"の元ネタになった1着に偶然出会いました。1960年代につくられたと思われる〈マクレガー〉のヴィンテージで、仕立てられたジャケットというより、無駄がすべて削ぎ落とされたワークウエアのユニフォーム。段返りの3つボタンで、ゴージラインはやや低め。ラベルも7.5cm幅と程よく細みで、パッチ＆フラップポケット仕様。そしてブルゾン感覚で気軽に羽織れるナチュラルショルダーとゆったりしたボックスシルエット。この肩の力の抜けた絶妙なバランスって、意外とないんですよね。頭の中で思い描いていた理想的なフォルムが'60年代に存在していたという事実が嬉しくて、それが今の〈BEAMS PLUS〉のアイデンティティの一部となっています。

No.039
BLAZER

サーフ＆スケートの寺子屋。

No.040
SNEAKERS

〈SSZ〉の代表作。キャップトゥみたいなポケット付きスリッポン"Pocket Slip On"の第2弾。1982年の学園青春映画『初体験リッジモント・ハイ』の劇中に出てくるチェッカーフラッグ柄からインスパイアされたとか。背景にあるカルチャーを大事にしている人だから、カトさんのつくる服や靴には説得力があるんですよね。

〈VANS〉の前身である〈バンドーレン・ラバー・カンパニー〉時代の"オーセンティック"。ヒールパッチと4本ステッチだけでなく、'70年代を彷彿とさせる細みの木型を使いました。

した。そんな中、2010年くらいでしょうか。「カトさん（加藤の愛称）、オレが大学時代に『ヌードトランプ』で買った〈VAN DOREN〉復刻したら絶対売れると思うんですけど、別注してくれませんか？」と生意気にリクエストを（当時、加藤から見るとめちゃくちゃ後輩の〈BEAMS PLUS〉のバイヤーが、〈BEAMS〉メンズカジュアル、略してBセクのバイヤーにこんな意見をすることはなんかタブーな気がしていたのと、自分のこともろくにできていないのに、他の企画のリクエストしてんじゃないよ！という気持ちがありましたが、加藤はその辺とてもフラットで。むしろ他の畑からの提案を楽しんでくれる人でした）。すると、「おい、シンちゃん（中田の愛称）、それ絶対ヤバイよ、めちゃ良いじゃん！ダメ元で聞いてみるよ！」と驚きの返答！そんなこんなでトントン拍子で話が進み、完成したのがこの一足です。〈VAN DOREN〉のヒールパッチにして、かかとは2本ではなく4本ステッチ！という知ってる人にしか気づかれないマニアックすぎるディテールを復刻し、大満足の仕上がりとなりました。これがキッカケで〈BEAMS〉メンズカジュアルのチーフバイヤーに呼んでいただき、今に至ります。アンライクリーなアイデアマンの加藤と同じ職場で一緒に働けるのは、人生においてのかけがえのない財産だなぁとしみじみ思う今日この頃です。

加藤忠幸。「BEAMS」の"SURF＆SK8"部門のバイヤーであり、〈SSZ〉のディレクター。今の僕がメンズカジュアルディレクターでいられるのはこの人の存在なしでは語れません。〈BEAMS PLUS〉バイヤー時代の2008年。加藤もずっと住んでいる鎌倉に引っ越し、ファッションだけでなく衣食住さまざまなことに興味が広がっていたタイミングで仲良くなりました。たまに帰宅時間が重なると一緒に帰り、原宿から大船まで電車で揺られる約1時間が、サーフ・スケート・ファッションの寺子屋となったのです。お互いの過去を話したり、共通のファッション遍歴（ギャルソン、マルジェラ、裏原などなど）で盛り上がったり、大船で途中下車して延長戦などもしょっちゅうやっていま

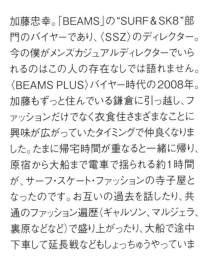

No.**041**

THE SURF IVY

対極の組み合わせ。

BDシャツや、チノパン、Tシャツだけでなく、ワッペンやブレスレットなど幅広く展開。中でもアンライクリー度数高めなのが、ローファーに見えて実はアンチスリップソールで、そのソールを煉瓦色に染めることで遠目だとホワイトバックスに見えちゃう"ペニーデッキシューズ"。豊田さんにハンドスプラッシュペイントを施してもらい、限定100足で販売しました。

僕が尊敬するサーフアートの第一人者「パーム グラフィックス」の豊田弘治さんが生み出した「THE SURF IVY」。サーフィンしている青年の足元を見ると、サーフボードがコインローファー！というヒネリの効いたデザインで、規則を重んじる「IVY」と開放的な「SURF」という対極のスタイルをポップにミックスしちゃうアンライクリーなセンスに感銘を受け、「是非一緒にアパレルコレクションをつくってイベントをさせてください！」とオファーし、2012年に服や小物、シューズまでフルコレクションを製作して展覧会を開催しました。ちなみに、〈BEAMS PLUS〉のネームタグや、シーズンテーマのフォントなど、名前は出ていませんがすべて豊田さんの仕事。アートやタイポグラフィ、サーフカルチャーにまつわるあれこれを全部教わりました。いつだって心強いアンライクリーな先輩です。

ジム・フィリップスというアメリカのレジェンドシェイパーが削
った板に豊田さんがアートワークを施した一点モノのロン
グボード。表面にはサーフアイビーのアイコンである"ロー
ファーマン"が描かれていて、裏面はレジメンタルストライ
プの総柄。2013年の展覧会で販売していて、この機会を
逃したら後悔すると思い、たくさん私物を売って買いました。

No. 042
STATIONERY

左から：キャップに鉛筆削りと消しゴムを内蔵した〈ファーバーカステル〉の"パーフェクトペンシル"。〈ウォーターマン〉のシャーペンと〈モンブラン〉のボールペンはヴィンテージ。ラフ画用に使っている水性ペン3本は〈uni〉の"PIN"。"ジュエリーメイカーズスケール"。

宇宙規模の世界観。

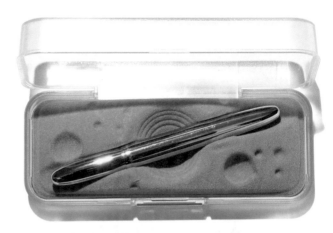

極限まで削ぎ落としたデザイン。約10cmのコンパクトなサイズ感。NASAとの共同開発。無重力空間対応。ボールペンでありながら逆さにして天井にも書ける仕掛け。そして、MoMA永久展示品などなど、男心を打ち抜く蘊蓄が盛りだくさんな〈フィッシャー〉の"EF-400"。月面を模したパッケージまで世界観が一貫していて、これほどコンセプチュアルなものはありません。もう10個以上なくしては買っている中田的マスターピース。クリップ付きのモデルにすればいいじゃん! と思うかもしれませんが、この潔いフォルムじゃなきゃダメなのです。他の文房具も思い入れがあるものばかり。金ピカのボールペンは〈モンブラン〉。ギラついていて、アメリカじゃないのにアメリカンな佇まいが好き。黒いシャーペンは、僕が文房具の師と仰ぐ「evergreen works」の藤本孝夫さんからいただいた〈ウォーターマン〉のヴィンテージ。回転すると芯が出るシステムで、樹脂に模様が入ったボディとアールデコ調のクリップが文句なしに素敵。定規はニューメキシコで発見した"ジュエリーメイカーズスケール"でジュエリーデザイナーのための業務用。〈ファーバーカステル〉の"パーフェクトペンシル"はスターリングシルバー製ではなく気軽に使えるプラスチックVer.が定番。ラフ画用は〈uni〉の"PIN"。世界がどれだけハイテクになっても、やっぱり手描きが好きなんです。

ラフはすべて手描き。サラサラと滑らかな
書き味が魅力の〈uni〉の水性ペン"PIN"
の0.1mm、0.2mm、0.3mmの3本が定
番。ステッチや柄などの細かい描写には
0.1mmを使っていて、この本の表紙や
中面のイラストもこのペンで描きました。

No.043
FISHING AND
GUN SHOOTING OUTER
左右非対称の美しさ。

FISHING VEST

〈イデアル〉の70年代のフィッシングベスト。隙のないポケットの配置。完璧です。スナップボタンの魚マークもかわいいし、とんでもなく手間とコストがかかっています。繊細な光沢があるポプリン素材もそそられます。

FISHING JACKET

いつか欲しいとずっと探していて名古
屋の古着屋で偶然見つけたディテー
ルの王様こと〈マスランド〉。左胸のラ
バープリントが特徴で、CROWN社
のバネジップを使っています。フィッシ
ングジャケット界では名作中の名作。

FISHING JACKET

1940年代ぐらいの〈アメリカンフィールド〉。
見事としかいえない絶妙なブルーグリーン。
生地もハリがあってカッコいいです。ディテ
ールの注目は、袖口に配されたポケット。フ
ラップ付きというのがめちゃくちゃ惹かれます。

FISHING CARDIGAN

上司からいただいた1950年代ぐら
いと思われる〈レッドヘッド〉。珍しい
フィッシングカーディガン。ワッペン
の配色がシャレています。クタリとし
た風合いがありながら、このブルー
グリーンのきれいな発色。最高です。

**GUN SHOOTING
JACKET**

これも上司からいただいた〈10X〉のガンシ
ューティングジャケット。ノーカラーで、ボディ
は薄手のサテンですが、肩パッドは重厚感
たっぷりなカウレザー。ギャップが凄い。左
右非対称の極み。完全にアートの領域です。

GUN SHOOTING
VEST

眩しい鮮烈な赤。〈ボブアレン〉のシュー
ティングベスト。一見、新しそうですがおそ
らく1950年代製。スタイリングのミッドレ
イヤーとしてツイードなどのジャケットの中
に着るといい感じのアクセントになります。

FISHING JACKET

「中田がフィッシングを集めている」
という噂が広がり、レジェンドバイヤー
の舘野（P109）からいただいた〈イ
デアル〉。コイルジッパーで1970年
代製。聞いた話だと〈カベラス〉別注。
バックサテンの光沢が美しいです。

選ぶべきはライト&クリーン。

アメカジもトラッドも古着もマルジェラもあれもこれも好き、という雑食な僕が集めている唯一のコレクションがフィッシング・シューティングジャケット。僕がディテール好きになった原点であり、雑誌『BOON』の影響で古着ブームに沸いた1990年代半ばから20年以上ずっと収集しています。魅力は何と言っても、機能美を追求した末に導き出された左右非対称のポケット。釣りやハンティングをする人にとって、どう配置したら使い勝手がいいのかを研究し、その結果として、モードの薫りすら漂う個性的なデザインになっているのが面白い。ただ、どれでもいいのかというと違い、ゴリゴリで重いブラウンダック素材のものや、ハードな汚れがあるものではなく、フィールドウエアとは思えないほど上品なポプリンやバックサテンを選ぶのがアンライクリーチョイス。ヘビー&ダーティではなく、ライト&クリーン。古着のコレクションとはいえ、ちゃんとファッションとして着られる服じゃないと意味がありません。

No.**044**

DAIWA PIER39 COLLECTION

ファッションにフィッシングを。

TECH PERFECT
FISHING JACKET

〈コロンビア〉や〈アーリーウィンタ
ース〉など、アウトドアフィールド用フ
ォトグラファージャケットのポケット
使いがイメージソース。ストレッチ性
と張りのあるカルゼ生地で、あえて
キレイ目なエクリュも展開しました。

MOUNTAIN PARKA

チノや、ダック、ツイルなど、古着でよくある
アウトドアショーツにフィッシング由来のマル
チポケットを。グログラン組織で、軽くて撥
水性も抜群。総裏メッシュライニングにして
いるので、ベタつかず、軽くてサラサラです。

大好きな'70年代の2トーンのコットンナイロン製マウ
ンテンパーカを、ポリエステル100%のゴアテックスフ
ァブリックでアップデート。見た目はレトロだけど、撥水
性もあって超ハイテクというギャップがアンライクリー。

TECH HIKER MOUNTAIN SHORTS

QUILT DOWN JACKET

ベースになっているのは、ボッ
クス型のキャンプカラーシャツ。
そこに、フィッシングポケットを
随所にちりばめました。半袖で
もバッグが要らないぐらい容量
たっぷり。腰ポケットは2層でハ
ンドウォーマーも備えています。

デタッチャブルで、袖を外せばダウンベストに。フードも
取り外し可能。生地は高密度に織ったナイロンタスラ
ン。コットンに見えますが、撥水加工を施したポリエス
テル100%。クラシックなダイヤキルトなのにハイテク。

TECH ANGLERS OPEN COLLAR SHORT SLEEVE SHIRT

TECH PULLOVER
DOWN VEST

両脇のベンチレーションジッパ
ーは全開にすると脇が完全に
開き、腕を通さずに着脱できます。
なので、プルオーバーのベストを、
セットアップのジャケットの上に
重ね着してしまうという、パっと
見、アンライクリー使いも可能。

人生の総まとめ。

〈DAIWA〉。釣りといったら〈DAIWA〉。日本が世界に誇るフィッシング界のキング・オブ・キングス。そんな業界最大手のメーカーが、今までフィールドで培った経験を活かし、2020年春夏にスタートさせたライフスタイルラインが〈DAIWA PIER 39〉。「これからは、今まで釣りに出会ってこなかった層に向けて、釣りの面白さを伝えていきたい」という言葉とともに、タッグを組む相手に「BEAMS」を選んでいただいたのは感謝しかありません。このPIER39とは、サンフランシスコベイエリアにある港町の名称。サンフランシスコは、古くからさまざまな人種が同居し、音楽、ファッション、食など、どれも充実した都市ですが、近年「Apple」や「Google」などのIT企業が本拠地とするシリコンバレーの発展に伴い、コーヒー文化やオーガニックなど、次なるライフスタイルが日々更新されています。そんな街の入り口でもあり、釣りの文化を発信しているこのPIER39がプロジェクトにぴったりだと思って、名前が決まりました。コンセプトは、「大自然と都会をシームレスに繋ぐ架け橋」。釣りの洋服をデザインするのではなく、釣りというアウトドアスポーツを、ファッションに落とし込む。つまり、釣りのための服じゃなく、釣りもできるファッションの服という点がアンライクリー。服づくりは、僕の人生の総まとめみたいな作業で、趣味でただ集めていたハンティング・フィッシングジャケットのポケットワークが役に立ち、〈シエラデザインズ〉や〈NIKE〉から学んだ配色が生かされ、ファッションにアン・ファッションのギミックを足していくという視点がついに結実した感覚でした。ディテールは、やみくもに盛り込むのではなく元ネタがあるもの。歴史的なアウトドアのルーツがあるものしか付けません。ポケットは釣りのルアーケースやタックルケースが入るようにデザインしていますが、AirPodsやリップクリーム、ミントを入れるのにもぴったり。見た目はレトロでクラシックでも、防水、撥水、吸水速乾などの最新機能をつけるなど、いろいろなアンライクリー要素を詰め込んでいます。

日本だけでなく世界中にある地域通貨。特定地域を活性化させるために、そこだけで流通する通貨のことで、買い物をするたびにお金が巡るため、ローカルの経済循環の在り方として注目されているとか。そこにオシャレさは全然求められていない、にもかかわらず、とてつもなくアーティスティックな紙幣が存在するんです。それがこちら。ロンドンのブリクストン地区だけで使えるポンドなんですが、デビッド・ボウイの出身地ということもあって、6枚目の名盤『アラジン・セイン』のジャケットにある有名な稲妻フェイス・ペイントが印刷されていたり、裏面の数字のゼロが斜めなピースマークになっていたり、銀色の箔押しもされているし、グラフィックも凝りまくり、というか紙幣にお金かけすぎでしょ！ 淡いブルーとピンク、オレンジの配色も美しくて、これはもはやアートです。

もはやアート。

No.045
LOCAL MONEY

右上はジェフ・マクフェトリッジの〈エルメス〉
"カレ70"。オレンジ色も買っちゃいました。右
下は〈バナナ・リパブリック〉の'80sヴィンテー
ジ。左下は〈ステューシー〉×〈NOMA t.d.〉の
チーフ。左上は、〈ELEPHANT BRAND〉。

No.046
SCARF

ど
っ
ち
つ
か
ず
と
い
う
個
性
。

「それ、変じゃない?」という違和感のあるサイズが好きで仕方
ありません。例えば、毎日ポケットに必ず入れているバンダナと
チーフ。'60年代ぐらいの〈ELEPHANT BRAND〉の"FAST
COLOR"バンダナも、一見すると普通ですが、自分がディレク
ションしている〈DAIWA PIER 39〉でコラボさせてもらったグラ
フィックデザイナー、ジェフ・マクフェトリッジ! ということで即買い
した〈エルメス〉の"カレ70"よりやや小さい65×65cm。なん
だかデカい。でもこのどっちつかずなサイズだからこそ、首に巻
いたり、肩掛けしたり、ポケットに入れて垂らしたりできるのです。

No.047
MULTI TOOLS

レジェンドが遺してくれたもの。

舘野史典。歴代の「BEAMS」バイヤーの中でも極めて職人肌で、内なる熱い魂を商品に注入し続けたレジェンドです。ワークシャツに5ポケットジーンズ、〈ラッセルモカシン〉のオックスフォード、手元にはインディアンジュエリー。コーディネートは毎日このスタイルで、好きなバンドは「グレイトフル・デッド」。入社して数年は話しかけるのにも勇気がいり、でも服の話をしたらボソボソと包み隠さず少年のように「このブランドならコレが名作だ。なぜなら今も自社工場で職人が1つ1つ手裁断でパーツを切り取り、ステッチングを自分の感覚で仕上げているからだ。今、アメリカでこの作業をできるのはこことあそこだけだ」と、30年以上現場でリアルに見て、たくさんの作り手の声を聞いて、バイイングで積み上げてきた経験をベースにアドバイスしてくれました。2週間の長期の出張にも嘘でしょ？と疑うくらいのバックパックひとつですべて完結してしまう人。初めは「???」でしたが、今思い返すと、自分の服装なんか二の次、三の次で、バイイングのことだけを考えていたからでしょう。だから、〈ニードルズ〉の清水慶三さんや〈エンジニアド ガーメンツ〉の鈴木大器さん、〈ポストオーバーオールズ〉の大淵毅さん、そして〈ポーター〉や〈ループウィラー〉などなど、挙げたらキリがないですが、舘野と一緒にコラボレーションの相談をしにいくと、皆さん全員きまってこう口を揃えるんです。「舘野のお願いじゃ、断れないなぁ」。バイヤーにとってこれ以上はないくらい嬉しいお言葉！ 口数少なく、寡黙ながらも関係するすべての人、そして、商品にとてつもない愛情とリスペクトを持って向き合ってきたからこそ、「舘野なら引き受ける」というヒトとヒトの深い信頼関係を築けていたんだろうなと思います。そんな舘野の訃報を聞いたのが2020年のこと。何も言わず、突然静かにいなくなり、チーム全員ショックでなかなか前を向けませんでした。彼からいただいたものは数えきれず、中でも思い出深いのが10年ほど前に無言でプレゼントしてくれた〈ティファニー〉×〈ビクトリノックス〉のマルチツールズです。トンチが効いたアイテムばかり集める舘野のアンライクリーなセンスが僕は大好きでした。亡くなってから約3年。「BEAMS」バイヤー陣はプレゼンが熱く、好きすぎて個人プレーなバイイングしちゃうところとか、これは舘野譲りだなあ、と感じる場面をよく目にします。思いは受け継がれていますよ！ ありがとうございました、舘野さん。

郷に入っては郷に従え。

No.048
STOPWATCH

「郷に入っては郷に従え」という考え方が好きです。BBQするなら、明らかにBBQしますという服装がいい。日曜大工をするなら、絶対にペインターパンツをはきたい。プールへ行くなら、〈SPEEDO〉に別注した水陸両用のスイムショーツとキャップが必須です。手首に"アップルウォッチ"をつけていようと、首からストップウォッチをぶら下げるのが基本。ベースになるのは防水機能が付いた〈CASIO〉の"HS-70W-1JH"。それを、1990年代に一世風靡した"G-SHOCK DW-001J"、通称"ジェイソンモデル"のカラーリングに別注したストップウォッチがあれば文句ナシです。

No.**049**
DENIM PANTS
& JACKET

アンライクリーーーーバイス！

思わずそう叫んでしまう、超絶アンライクリーな一本。どこかの別注でもなく、
〈リーバイス®ビンテージクロージング〉が自社でやっているというのがアンラ
イクリーです。見てください。ベースは1976年モデルの"501®"。"ミラー・ジー
ンズ"というモデルで、その名のとおり、すべてが鏡に写したように逆なんで
す。逆、といえど、世間一般の常識をぶち壊すレベルのガチな逆です。通常
は右綾ですが、米国の老舗デニムメーカー、コーンミルズ社製の"左綾織り"
の1970年代デットストック生地を使用し、紙パッチやフラッシャー、赤タブの
ポジションもそこに刺繍されている〈リーバイス®〉のロゴも逆！ さらにリベット
とフロントボタンの刻印も全部逆！ ボタンやリベットを金型から作り直し、赤
タブのネームもつくったって考えたら気が遠くなります。そして、501本限定
で"MADE IN USA"というのが感無量。間違いなく、制作チーム全員ニンマ
リした企み顔を浮かべながら、みんなワイワイ楽しくつくっていたんだろうなぁ。
こういう細部までコンセプチュアルを極めまくった企画は本当に尊敬します。

SUPER WIDE COLLECTION
DENIM JACKET

このジャケットは"ファースト"を横長に
アレンジ。フロントポケットもワイド。背
中のシンチバックも結構長め。首元
に配してあるパッチも横長です。横幅
だけが変わっているので着丈はその
まま。羽織ると結構違和感あって他
じゃ味わえないシルエットになります。

今思い返すと、「BEAMS」の歴史は〈リーバイス®〉と
ともに歩んできた歴史でもありました。僕が記憶してい
るのは約20年前。「ビームス プラス 原宿」のアルバ
イトだったときに、隣の「ビームス 原宿」でリリースされ
た"505™スプラッター"。ペンキ飛ばし加工の別注が
話題になり、瞬く間に完売したのを覚えています。そ
の後も、ボンデージパンツ型やボロボロに加工したブ
ラック、そして"505™"のショーツなどなど、様々なコラ
ボを発売させていただき、スケートボーディングコレクシ
ョンや、自転車にまつわる機能満載のコミューターなど
など、話題のプロジェクトのローンチパートナーに選
んでいただきました。世界で501本限定の"501® Mir
ror"（P112）も〈リーバイス®〉の直営店以外、発売
できたのは「ビームス 原宿」だけ。最近だと、40周年
記念で発売した"LEVI'S® VINTAGE CLOTHING
501® 1976 model"で「BEAMS」の創業年モデル
を完全復刻したこと。このプロジェクトから僕も関わら
せていただいたので、思い入れがとても強いです。デ

**HALF & HALF COLLECTION
DENIM JACKET**

ッドストックの"501®"の1976モデルを「BerBerJin」ディレクターの藤原裕さんが探してくれて、資料として提供していただきました（本当に感謝）。他にも〈リーバイス®〉との思い出は数知れず。これだけ長く親密な付き合いを重ねてきたからこそ実現したと言えるのが「SUPER WIDE COLLECTION」です。ネーミングの通り、超ワイドなコレクションですが、普通のワイドではありません。パッチデザインに描かれている「二頭の馬が左右からデニムパンツを引っ張っても破れない」という堅牢性。そのコンセプトを証明するために横に引き伸ばしています。そして、もう1つが「HALF & HALF COLLECTION」。デニムジャケットは〈リーバイス®〉で長年愛され続けている通称"ファースト"と"サード"をドッキングし、デニムパンツは1937年と1993年の"501®"を1本に縫い合わせるというアンライクリーな合体技。他にも、〈コンバース〉と〈リーバイス®〉というアメリカの2大パイオニアを組み合わせたトリプルコラボは一生の宝物です。

"ファースト"と"サード"をガッチャンコ。タブも"BIG E"のハーフ&ハーフで、表は〈リーバイス®〉のレッド、裏返すと「BEAMS」のオレンジになっていて、見えない部分も抜かりなくアンライクリー。背面のシンチバックとボタン式サイドアジャスターもめちゃくちゃ主張します。

**HALF & HALF COLLECTION
DENIM PANTS**

**SUPER WIDE COLLECTION
DENIM PANTS**

シングルミシンのアーキュエット・ステッチや、シンチバックが特徴の1937年モデルと、1993年モデルの"501®"を合体。デザインだけをくっつけたわけではなく、生地もそれぞれの年代をリアルに再現しているため、洗っていくとまったく違う経年変化を楽しめます。

1950年代の"501®XX"がベース。ぱっと見だとシルバータブの"バギー"のシルエットに似ていますが、ポケットとバッチが横長。いつか古着屋でこのジーンズが出回って、こんなことを考えるアンライクリーな人が2020年代にいたんだな〜とキッズに思われたら幸せです。

TRIPLE COLLABORATION

「BEAMS」40周年記念で実現した〈コンバース〉と〈リーバイス®〉とのトリプルコラボ。米コーンミルズ社のホワイトオーク工場で織ったデニム生地を使用。ヒールにセルヴィッジを配しつつ、クッション製の高いインソールにしているので快適です。大事すぎてはけません。

アンライクリーは
１日にしてならず。

No.050
NAVY BLAZER

「それはハズシじゃなく、ハズレだよ」。これは今から24年前、「BEAMS」に入社してすぐ、ヘンテコなレイヤリングをしていた自分に対して先輩が放った言葉。トラッドを知りもせず高度なハズシはできない。アイビーの正統派な着こなしができないのに、プレッピー的な着崩しはできないという意味です。アンライクリーも同じ。クラシックをちゃんと知っていないと味わいも奥行きもない薄っぺらいスタイルになってしまいます。だからと言って、何百年も前のアーカイブを研究する必要性はなく、あくまで自分なりのルーツを掘り下げればいいだけの話。例えばこれは、ブレザーの代名詞である〈ブルックス ブラザーズ〉が自分の生まれ年である1977年にどんなものをつくっていたのかを学ぶために買った1着。サイズが大きめですが、クセ強と言われる'70年代製とは思えないぐらいベーシックで、今でも着られる普遍的なかたち。基礎を知らずしてアンライクリーなハズシはできない、という自戒の念を込めて。

DEAR
MY TEACHER

—— Nº 3 ——

NEEDLES

—

Keizo
SHIMIZU

人生の先生と、紺ブレの話。── ニードルズ ── 清水慶三さん ──

ミスター・チープシック。

〈BEAMS PLUS〉のコンセプトは1945〜'65年のアメリカ黄金期のスタイル。コットンやウールなどの天然繊維という王道の奥深さが土台にあり、歴史的なルーツがしっかりしていて、クオリティコンシャスで、ミリタリーやアイビー、スポーツなどのユニフォーム的視点がしっかりあって、"こうでなければならない"がたくさんある世界。それも大事なことだけど、ファッションとして洋服を楽しもうよ、というチープシックな哲学を教えていただいたのが〈ニードルズ〉の清水慶三さんです。2015年に〈BEAMS〉のチーフバイヤーになって清水さんと初めてちゃんとお仕事させていただいたときのことは忘れられません。化学繊維のカッコよさ。'70〜'80年代の面白さ。エスニック、民族、柄と柄の組み合わせ、ベーシック、クラシック、それをどう選び取り、どう自分らしく着こなすかという姿勢

No.051
NEEDLES × BEAMS
Papillon 2B Blazer

を学び、ガチガチに凝り固まった考え方が思いっきりほぐさ
れました。それを象徴するのが、2013年に〈BEAMS〉と〈ニ
ードルズ〉で行なった「EXTREME IVY COLLECTION」とい
いう題名のカプセルコレクション。1950年代にビートニクと
呼ばれた若者達や黒人のジャズマンの間で流行ったアイビ
ーのパロディスタイル「エクストリーム アイビー」がデザインソ
ースで、素材はポリエステル80%、トロピカルウール20%。
伸縮性と光沢感たっぷり。シルエットはゆるやかなAライン
で、間隔の離れた2ボタンと大きめのピンがかなり主張する
デザイン。紺ブレというテーマで、この服をつくれるってスゴく
ないですか？ 年代や国籍でセグメント分けすることなく、自
分が本当にいいと思ったスタイルを抽出して、アイデンティ
ティを確立していく。その粋な生き方にずっと憧れています。

モア・アンド・モア。

No.052
CAP WITH STRAP

「Less is More」とは、バルセロナチェア
で世界的に有名なドイツ出身の建築家、
ミース・ファン・デル・ローエが残した言葉
で、「少ないほうが豊かである」という意味。
デザインや服においても、減らすことのほ
うが正義とされている昨今ですが、むしろ、
足して足して足しまくる足し算にこそロマ
ンがあるというのが僕の考え。キャップで
いうなら、釣りをしているとき、風に飛ばさ
れないためのストラップも、サーフィンをし
ているときにしっかり固定してくれるネオ
プレン製チンストラップも、普段使いでは
正直、過保護とも言えるファンクションな
のですが、この無駄を楽しむ「More and
More」の姿勢こそがファッションの醍醐
味であり、そこにはアンライクリーなアティ
テュードがある、そんな気がするんです。

No.053
LEATHER SHOES
& SANDALS

素足ではかないビルケン。

「BEAMS」のサンダルといえば〈ビルケンシュトック〉。ずっと販売し
続けている定番です。暖かくなったら先輩も後輩もみんな足元はビ
ルケン。僕も高校からはき続け、軍パンやジーンズには "チューリッ
ヒ" を、〈パタゴニア〉の "バギーズ・ショーツ" には "アリゾナ" を、とい
った感じでロングパンツとショーツで使い分けています。ただ、そのま
まではノット・アンライクリー。コルク製フットベッドに付く汗染みを気
にせず素足ではくビルケンを、ソックスと組み合わせて上品にはくのが
マイ・ルール。2019年に「BEAMS」が別注した "チューリッヒ"(上写
真左)と "アリゾナ"(同中)も同じく逆の発想で、全体をワントーンで
統一し、フットベッドには同色のスエードを巻いて、"ボストン"(同右)
は中敷きにマイクロファイバー合皮を貼り合わせた仕様になっています。

コッペパンフォルムでお馴染みの
"パサデナ"が一周回って気分。
ちなみに、シューズの紐の結び方
にもこだわりがあって、商品を買
ったとき、箱の中で簡易的に結
ばれているあの状態で結ぶこと
が多め。この結び方を勝手に"デ
リバリー・ノット"と命名しています。

No.054
SWEAT PARKA &
SWEAT SHIRT
クセ強めなグレースウェット。

**USMA PARKA &
SWEAT SHIRTS**

〈チャンピオン〉のUSMA（米陸軍士官学校）スウェット。古着で集め
ている人も多いと思います。どこがアンライクリーなの？というと、リバ
ースウィーブなのに前Vが付くということ。実は他にないんです。
USAFA（米空軍士官学校）の場合はリフレクターをプリントしている、
言わば後付けですが、USMAは土台のボディからつくっているところ
がアツい。陸軍から「Vを付けて」という要望が〈チャンピオン〉サイド
に出されたのかは謎に包まれていますが、とにかく妄想が膨らみます。

**TOKYO
SWEAT SHIRT**

2015年にメンズカジュアルチーフバイヤーになって初の仕事が〈チャン
ピオン〉に別注したこのスウェットでした。日本人の気質として、JAPAN
やTOKYOという自国のものを着ることに気恥ずかしさがあるというか。
ただ、『POPEYE』が打ち出したシティボーイの影響で、東京カルチャー
が前向きになり、世界的に見てもカッコいい存在になった。そのタイミン
グもあって、自分で言うのもアレですが特大ホームラン級に反響がありま
した。30年後、「TOKYOプリントのチャンピオンなんてあるわけないじゃ
ん!」という日本のバイヤーが、アメリカの古着屋で偶然発見し、東京で
堂々と着る。そんな逆輸入っぽい未来があったら最高だなと思います。

マイ・スタンダード・スナックを全部ポケットに入れたい日の着こなし例。「プリングルズ」の"サワークリーム&オニオン"のロング。「東ハト」の"キャラメルコーン"。「明治」の"アポロ"と"チョコベビー"。どれも食べたいと思った瞬間さっと取り出してすぐ頬張れます。

スウェットといえばグレー。集めているUSMAも、思い出深いTOKYOプリントもそう。そしてクローゼットに大量にあるスウェット、ほとんどがグレーです。その中でアンライクリー選手権を開催するとしたら〈BEAMS JAPAN〉が別注したこのスウェットがぶっちぎりで1位でしょう。フロントにガゼット付きが2つ。ドローコード付きが両サイドに1つずつ。後ろにはデカいのが1つ。全部で5つという大容量。マイ・スタンダード・スナックを全部持ち歩きたい！と思い立っても難なく入ります。とはいえ、このパッと見のインパクトがアンライクリーかというと、それだけではありません。〈ループウィラー〉に別注しているというところに面白さがあります。アメリカ人が発明したスウェット。でも、今では旧式の吊り編み機でつくれる工場がアメリカにはない。それを鈴木諭さん率いる〈ループウィラー〉が技術とともに本場の魅力を伝え続けているってスゴくないですか？そんな世界に誇れるメーカーが、こういう別注を面白がって引き受けてくれていることがアンライクリーです。ちなみに〈ループウィラー〉の魅力は？と聞かれたら「2度おいしい」と答えます。新品の感覚からヴィンテージを着ている感覚に変わるタイミングがある。ヴィンテージさながら、とか、そんなレベルではないんです。自分が持っている1950〜'60年代の米国製のスウェットと同じ表情になって、まったく同じ風合いになり、あ、これは間違いなくヴィンテージだ！と肌で感じる日が突然訪れる。経年変化の着地点まで緻密に計算された服だからこそ、僕のクローゼットには愛着たっぷりで捨てられない〈ループウィラー〉が山のようにあるんです。

**LOOPWHEELER
POCKET SWEAT SHIRT**

No.055
SET UP

紳士服のディッキーズ。

僕が勝手にアンライクリーな兄貴と慕っている野村訓市さん。これまで受けた影響は計り知れません。軽やかで縦横無尽。360度いろいろな角度からの目線を持っていて、器もデカく、アイデアのスケール感が世界基準。そんな訓市さん率いる「Tripster」と〈BEAMS〉の取り組みといえば〈ディッキーズ〉とのコラボ。キャッチコピーの"紳士服のディッキーズ"って、まさに自分が追い求めるアンライクリーそのもの。ということで2018年にリリースしたときの訓市さんの解説文を、リスペクトを込めてそのまま紹介させていただきます。これはどう考えてもアンライクリーです。「男なら日々の中でスーツを着なきゃ行けない場面が突然訪れる。冠婚葬祭、ちょっとフォーマルな集まりに、気張ったデート、ちょっと固い打ち合わせ。そんな時にカチッとしたスーツじゃあ嫌だな、そんな経験はありませんか? 肩も回らない、窮屈で、冬になればスーツの上に着るコートもいると合わせるものを探すにも大変だという瞬間が。スーツさえ着てりゃ大丈夫、足元がスニーカーでもノータイでもという時、自分らしい楽なものがあればいいと、空を仰いでため息をつく。そんなあなたに朗報です。内装屋からスケーターまで、みんな大好きディッキーズ。そのセットアップをBEAMSと勝手にTripsterの正装としてTCツイルではなくウールでメイク。ワークジャケットを元に作られたジャケットは、暑い季節には無地Tの上に着てダボっと、寒ければ上にコートを着るのでなく、中にフーディも着れるデカ目のシルエット。スケートで移動しようとする時もパンツが引っかかることのないゆったりとした足回りはマーチンの3ホールからヴァンズまでなんでもござれ。万能の黒、定番のネイビー、はずしの茶色。ジャケットとパンツ合わせて、お値段なんと税抜き3万300円!!」。何度読んでも震えます。

人生の先生と、紺ブレの話。

─ セット ─ 小林節正さん ─

DEAR
MY TEACHER

N°4

Sett

—

Setsumasa
KOBAYASHI

アイビー、パンク、リサーチ
という「守破離」。

「守破離(しゅはり)」という考え方が好きです。日本の武道
や茶道などで使われる修業の段階のことで、物事を学ぶと
きの姿勢として古くから受け継がれている思想です。「守」は、
師匠や流派に教わった型や技を忠実に守る第一段階。
「破」は、他流派も考察し、自分が良いと思うものを取り入れ、
既存の型を破ること。そして「離」は、自分のオリジナリティを
確立させること。この「守破離」を体現しているのが、「Sett」
の小林節正さん。幼少期から10代はアイビーに傾倒し、そ
して〈Seditionaries〉とともにパンクに目覚め、現在は、既
存のアイテムを再構築する〈.....リサーチ〉を主宰している。
つまり、アイビー → パンク → リサーチという「守破離」。ガチ
ガチなルールがあるアイビーと、相反するパンク。その両極を
知ったうえで、トラッドの基礎とアナーキーな思想を持ちなが

No.056
MOUNTAIN RESEARCH × BEAMS PLUS PHISHERMAN JACKET

ら日々研究しているからこそ、一見すると違和感たっぷりな服だとしても圧倒的な説得力があるんです。例えば、名作のダウンベスト。レザー袖やスウェットのフードを取り付けられる仕様で、フロントボタンはリバティコイン！というテンコ盛りなデザインですが、普遍性と斬新さが共存していてとにかくカッコいい。〈BEAMS PLUS〉で別注したこのブレザーもそう。外側に着るのが一般的なコロンビア型のフィッシングベストを内側に重ねて縫い付けたり、袖がシャツカフになっている〈ペンドルトン〉の"セールスジャケット"をオマージュしていたり、元ネタの引き出し方と使い方がめちゃくちゃアンライクリーです。あと、小林さんは服をつくって終わりじゃないのがスゴい。自ら実際使い、何度も検証し、ひたすら微調整を重ねてアップデートし続けている。その妥協なきスタンスは本当に尊敬します。

アンライクリー、NYへ渡る。

2012年、〈BEAMS PLUS〉のディレクターになったとき、これからどうするべきかと方向性をゼロから見直しました。〈BEAMS PLUS〉らしさって何だろう？イメージボードをつくってあれこれ考えた結果、オーセンティックなんだけど懐古趣味じゃなく、現代的にアップデートされていて、トラディショナルの土台はしっかりしているけど最新の機能や遊び心があるもの。それが目指すべき〈BEAMS PLUS〉なんじゃないか。そんな思いで服づくりをしていった中で、特に思い入れ深いのがこの2着です。グレーのヘリンボーンは、クラシックに見えてゴアテックスのウィンドストッパーのライニングを配しているから、ハリスツイードの弱点である風を完全にシャットアウト。右のクレイジーパターンは初めてNYに渡った〈BEAMS PLUS〉の服で、米国版『GQ』や『T Magazine』などの雑誌でファッションディレクターを歴任したブルース・パスクさんがNY五番街にある高級デパート「バーグドルフ・グッドマン」のメンズ・ファッションディレクターに就任した2014年に、気合を入れて日本から手持ちで大量にサンプルを持っていってプレゼンし、念願のオーダーを勝ち取った自分の歴史上すごく重要なコートです。しかも、ブルースさんが愛用してくれていて、コーディネート写真がたびたびインスタグラムにアップされるんですが、インナーにデニムジャケットとシャツ、黒のニットタイを合わせたりしてめちゃくちゃオシャレ。海を渡ったアンライクリーな服が今もNYの街を歩いている。そう考えたら泣けてきます。

No. 057
TWEED COAT

No.**058**
LEATHER SHOES

特に思い入れのあるローファー。〈オー
ルデン〉を初めて日本に伝えたLA在住
の「BEAMS」顧問、福嶌勝敏さんから
引き継いだ一足。アメリカンカジュアル
の生き字引的な存在で、ファッションの
すべてを、ときに厳しく教えていただいた
大先輩。僕にとっては一人前として認
められた特別な〈オールデン〉なんです。

フレンチなオールデン。

スポーツにおけるユニフォームが〈NIKE〉や〈VANS〉、〈コ
ンバース〉だとするなら、ビジネスはやっぱり〈オールデン〉。
入社面接用に「ビームスF」で買った型押しアルパインカー
フのモディファイドラストのキャップトゥに始まり、"9901"、
"9751"などの王道品番だけでなく、これまで数えきれない
ほどのモデルをはいてきました。中でも特にアンライクリー度
高めなのがこの一足。フレンチアイビーブーム絶頂の'80年
代に、〈オールデン〉がパリの展示会出展に際してデザイン
したアーカイブをベースに、〈BEAMS PLUS〉がアレンジし
て別注したもの。スコッチグレインとシェルコードバンという
組み合わせで、メダリオンもたっぷり施されたキルト仕様。そ
の名も"キルティスラッシュ"。これをはきこなせる日はきっと
来ないでしょう。でも持っていることに意味があるんです。

No.059
SUEDE BOOTS
絶対に捨てられない靴。

1990年前後の英国製ヴィンテージ。
上から"デザートブーツ""デザートトレ
ック"。"ナタリー"。この年代の緑色
のボックスが好き。「靴を手入れす
る」というブックレットが入っていて、
使われているフォントなども最高です。

小さい方が僕です。'80年代初頭に"ビートル"に乗っていた父。黄色を選ぶあたり、自分にも通じるところがあります。カウチンセーターは、母親の手編み。フロントをよく見ると、プルオーバーなんです。ギンガムチェックのシャツとブルージーンズを合わせていて、ヘビアイとプレッピーの着こなしをちょっと感じさせます。

みんな大好き〈クラークス〉。でも僕にとっては特別な意味を持つ存在です。今から遡ること40年前。父親は音響メーカーに勤めていて、シカゴ赴任時にアメリカの洗礼を受けたバリバリのアイビー世代。宇都宮で初めてピンクのBDシャツを着たのは父だと昔親戚から教えられました。母は美大を卒業した後、父と出会って結婚。田舎生まれではありましたが、車は〈フォルクスワーゲン〉のビートルこと"TYPE 1"の黄色。初めて乗った自転車はBMX。母の手編みのカウチンセーターを着て過ごし、壁一面に配置されたシルバーの音響機器がおぼろげながら記憶に残っています。なぜか家で流れていた曲は寺尾聰の「ルビーの指環」、といったように、なかなかファッションに精通してそうな家に生まれ、鼻につく幼少時代を過ごしましたが、4歳のときに父が肺癌で他界しました。それから月日が流れ、「BEAMS」のアルバイトから社員登用試験に受かったタイミングで、20歳近く離れた従姉妹の姉ちゃんに呼び出されたんです。「慎介、はい」。そう言って、手渡されたのが茶色い封筒。中を開けてみると、伊藤博文の頃の古い1000円札が入っていました。聞くと、「これ、あなたのお父さんからもらったお小遣いなんだけど、癌で闘病中にお見舞いに行ったら、お金と雑誌を渡されて、『原宿にビームスっていう店があるから、そこで、(雑誌『POPEYE』の広告を指差して)この靴を買ってきてくれ』って頼まれて。言われたとおり靴を買って、病室で渡した

ときにもらったお駄賃がこの1000円なの」とのこと。その靴が他でもない"ワラビー"。でも、それを結局はくことなく亡くなってしまって、天国ではいてねという思いを込めて、草履の代わりに棺桶に入れたそうです。それから、〈クラークス〉は僕にとって特別な存在になりました。スエードが汚れようが、シミができようが、クレープソールが経年でベタベタになって石ころが詰まろうが、捨てられないものになりました。そして、2018年にリリースしたゴアテックス®仕様の別注"ワラビー"も忘れられません。〈クラークス〉と、「BEAMS」を繋いでくれたのは、ファッションが本当に好きだった父親の縁なんじゃないかなって、そう思うんです。

2017年に別注させていただいた〈クラークス〉。アイコニックなフォルムはそのままに、どんな天候でもはきたいという思いを持ったチームで企画会議を行い、アッパーはゴアテックス®にして、ソールをビブラムに変更。これまでにない全天候対応型にアレンジしました。インナーにエラスティックを装備してシューレースなしでもはけるようにするなど、ちょいちょいアップデートを重ねています。

従姉妹から譲り受けた1000円札。
たまに思い出したら、しまっている
棚から引っ張り出して見ています。

UNLIKELY HISTORY   生まれた瞬間からアンライクリー。

［1977年］栃木県宇都宮市出身。

［0歳］中田家の次男坊として生まれる。何をするにも二番手。洋服もほとんど兄のおさがり。いきなりアンライクリー精神が芽生える。

［4歳］父が肺癌で亡くなる。葬式ではみんな泣いている中おちゃらけて、親族を笑わせていたらしい。目立ちたがり屋で、お調子者の性格は、派手な黄色いビートルに乗っていた父の遺伝かも。

［6歳］幼稚園時代。モテたい気持ちが抑えきれない。ひたすら女の子を追いかける。

［小1］小学校入学。いつも列の一番前。背が低いことを自覚し、どうやったら目立てるかを密かに考える。

［小2］ロイヤルブルーやオレンジなど、誰も選ばない原色の服を着始める。

［小4］裕福な家の友達はビックリマンチョコを箱買いしていたが、貧乏だったため、お金がない中でどうやって個性を出せるかを必死に考える。その結果、ノーマークな「お守り」を集め「アイツのセンスちょっと変わっていて面白い」というポジションを手に入れる。

［小5］祖父母に甘やかされ、ぶくぶく太り、肥満児の称号を手に入れる。原因は、ほぼ毎日おばあちゃんが揚げてくれるポテトフライの爆食い。太った流れで、グレーのスウェットセットアップに出会う。「なんて楽な服なんだ！」と衝撃を受

け、上下3セット入手。グレーのスウェットは、経年変化が少ないということも学ぶ。

［中1］漫画『スラムダンク』の影響でバスケ部に入る。最初に購入したバッシュは忘れもしない、買う場所も分からず東武百貨店で購入した"NIKE AIR SOLO FLIGHT '90"の赤。

［中3］ロカビリーブームで洋服に目覚める。古着屋で極薄の"501®"赤耳を9,800円で購入。〈チャンピオン〉のワンポイントのTシャツと、〈コンバース〉の"オールスター"の生成り、という往年の吉田栄作スタイルでファッション人生がスタートする。

［高1］男女共学の進学校。ビーチクルーザーに乗り、〈グレゴリー〉の旧タグ、〈マウンテンスミス〉のウエストバッグななめがけ、といったような、いろんなファッション好きの同級生と出会い、オシャレの世界の壮大さを目の当たりにする。そこからは毎日服のことばかり考えて生活。〈パタゴニア〉のメールオーダーで"シンチラスナップT"を買ったのも高校1年のとき。

［高2］普通じゃ嫌だから、あえての"チャックテイラー"をはく。原宿の古着屋「ゴリーズ」で"ジョーダン1"のシカゴを買う。ネイビーブレザー×紺のパンツという高校の制服に、友達は"AIR MAX 95"を合わせていたが、僕は黄色&赤の"ポンプフューリー"。「メイドインワールド」に通う。

［高3］中田、B-BOYを気取る。足元は〈NIKE ACG〉のトレッキングシューズ"エアマーダ"。パンツは、〈カルバンクライン〉

の太いウォッシュドジーンズ。トップスは〈NIKE〉のウインドブレーカーか〈ヘリーハンセン〉のシェル。

［大1］裏原、古着、〈コム デ ギャルソン〉、〈A.P.C.〉、〈メゾン マルタン マルジェラ〉を渡り歩く。友達と車で下北沢、高円寺、渋谷、船橋、久我沼、津田沼の古着屋をツアーするのが毎月のバイト給料日のルーティンに。たまに北上し、高崎や仙台の古着屋も攻める。

［大2］宇都宮のセレクトショップ（今では北関東No.1の店）でバイトし始め、毎日色々な服に袖を通す。ちょうどその頃、近所のセレクトショップで働いている先輩が、急に〈リーバイス®〉のコーデュロイパンツをはき、頭にバンダナを巻いて、足元は〈ビルケンシュトック〉で、アウトドアブランドのシェルジャケットを羽織る、というスタイルに様変わりしていて、あまりの斬新さに脳天直下型の衝撃を受ける。聞けば、当時の「BEAMS」がそういうコーディネートだったらしく、すぐさま真似る。

［大3］'90年代後半に差し掛かり、雑誌『BOON』の前身と言われる『YABAI!』というストリート誌にドハマりする。そこには〈ノンネイティブ〉の藤井隆行さんや、スタイリストの高橋ラムダさんらのコーディネートが掲載されていて、ページをめくるたびに電流が走る。当時の最前線は「BEAMS」が牽引する"古着ミックス"。大学3年、4年は「BEAMS」に通い詰め、就職先はココしかないと決意する。

［大4］「BEAMS」1本勝負の入社試験を最終で見事に落ちる。だが諦めきれ

ず、ちょうど〈BEAMS PLUS〉という新事業のオープニングアルバイト募集があることを知り、すぐさまエントリー。なんとか受かる。

［2000年］3月、正社員として入社。ミーハーな自分をリセット&封印して〈BEAMS PLUS〉でトラディショナルのルールとルーツをゼロから学ぶ。当時ディレクターは現〈ケネス フィールド〉の草野健一さん。LA在住の「BEAMS」顧問、福嶌勝敏さんからアメカジのイロハを徹底的に叩き込まれる。

［2012年］〈BEAMS PLUS〉のディレクターに就任。ウインドストッパーのハリスツイード（P134）など、アンライクリーな視点で新しいトラッドを考える。

［2014年］〈VAN DOREN〉（P085）の復刻をきっかけに、〈BEAMS〉メンズカジュアルチーフバイヤーを兼任することに。これまで〈BEAMS PLUS〉で抑え込んでいたミーハー雑食魂を解放する。〈チャンピオン〉のTOKYOスウェット（P127）を発売したのもこの頃。

［2015年］「BEAMS」のメンズカジュアル統括ディレクターに就任。野村訓市さんとの出会いで明らかに自分のスタンスが変わる。

［2023年］「BEAMS」スタッフのパーソナルブックシリーズ「I AM BEAMS」の第一弾として、これまでのアンライクリー人生を一冊にまとめた『UNLIKELY THINGS』をリリースする。

中田慎介 SHINSUKE NAKADA
ビームス クリエイティブディレクター

1977年生まれ。2000年「ビームス プラス原宿」の
オープニングスタッフとして入社。2012年に〈BEAMS
PLUS〉のディレクターに就任後、〈BEAMS〉のチーフ
バイヤーを兼任し、2015年3月よりメンズカジュアル統
括ディレクターに就任。その後、現職に。自社アイテム
の企画・製作にとどまらず、他社とのコラボレーション
や別注、さらにはブランドのプロデュースなども手掛ける。
「BEAMS」のメンズカジュアル全体を束ねる仕掛け人。
Instagram：@nakadashinsuke

BEAMS

1976年、東京・原宿に1号店をオープン。ファッ
ションとライフスタイルにまつわるあらゆる物を世界
中から仕入れ提案するセレクトショップの先駆けと
して時代をリードしてきました。コラボレーションを通
じて新たな価値を生み出す企画集団としても豊富
な実績を持ち、ファッションの領域を大きく超えて
様々なジャンルでクリエイティブなソリューションを
提供しています。日本とアジア地域に約170店舗
を展開し、世代を超え多くの人に支持されています。
https://www.beams.co.jp/

UNLIKELY THINGS

アンライクリーシングス

2023年3月10日　初版 第1刷発行
2024年3月25日　　　第3刷発行

著者：中田慎介（株式会社ビームス）
発行者：波多和久
発行：株式会社Begin
発行・発売：株式会社世界文化社
　　　　　　〒102-8190 東京都千代田区九段北4-2-29
　　　　　　TEL 03-3262-5155（編集部）
　　　　　　TEL 03-3262-5115（販売部）
印刷・製本：大日本印刷株式会社

撮影：阿部 健（人物）｜加藤佳男（物）
エディトリアルディレクション：柴田隆寛（Kichi）
ブックデザイン：村田 錬｜髙本龍太郎（brown:design）
編集：仁田恭介
イラスト：中田慎介（株式会社ビームス）
校正：安藤 栄
プロダクションマネジメント：株式会社ビームスクリエイティブ
営業：大槻茉未
進行：中谷正史
編集部担当：平澤香苗｜橋本慎司（株式会社Begin）

©2023 BEAMS Co., Ltd. Printed in Japan
ISBN978-4-418-23409-7

I AM
BEAMS

I AM
BEAMS